高职高专教育“十三五”规划建设教材
中央财政支持高等职业教育动物医学专业建设项目成果教材

牛内科病

（动物医学类专业用）

李宗财　宋世斌　主编

中国农业大学出版社
·北京·

内 容 简 介

本教材是以技术技能人才培养为目标，以动物医学专业疾病防制方面的岗位能力需求为导向，坚持适度、够用、实用及学生认知规律和同质化原则，以过程性知识为主、陈述性知识为辅；以实际应用知识和实践操作为主，依据教学内容的同质性和技术技能的相似性，将牛内科疾病等知识和技能列出，进行归类和教学设计。其内容体系分为项目和任务二级结构，每一项目又设“学习目标”“学习内容”“案例分析”“知识拓展”“考核评价”等教学组织单元，并以任务的形式展开叙述，明确学生通过学习应达到的识记、理解和应用等方面的基本要求；有些项目的相关理论知识或实践技能，可通过扫描二维码、技能训练、知识拓展或知识链接等形式学习，为实现课程的教学目标和提高学生学习的效果奠定良好的基础。

本教材文字精练，图文并茂，通俗易懂，运用新媒体——扫描二维码，现代职教特色鲜明，既可作为教师和学生开展“校企合作、工学结合”人才培养模式的特色教材，又可作为企业技术人员的培训教材，还可作为广大畜牧兽医工作者短期培训、技术服务和继续学习的参考用书。

图书在版编目(CIP)数据

牛内科病 /李宗财，宋世斌主编. — 北京：中国农业大学出版社，2016.3(2022.1 重印)
ISBN 978-7-5655-1514-9

Ⅰ.①牛… Ⅱ.①李… ②宋… Ⅲ.①牛病-内科学-高等学校-教材
Ⅳ.①S858.23

中国版本图书馆 CIP 数据核字(2016)第 027679 号

书　　名　牛内科病
作　　者　李宗财　宋世斌　主编

策划编辑	康昊婷	**责任编辑**	洪重光
封面设计	郑　川	**责任校对**	王晓凤
出版发行	中国农业大学出版社		
社　　址	北京市海淀区圆明园西路 2 号	**邮政编码**	100193
电　　话	发行部 010-62818525，8625	读者服务部	010-62732336
	编辑部 010-62732617，2618	出　版　部	010-62733440
网　　址	http://www.cau.edu.cn/caup	**e-mail**	cbsszs @ cau.edu.cn
经　　销	新华书店		
印　　刷	涿州市星河印刷有限公司		
版　　次	2016 年 3 月第 1 版　　2022 年 1 月第 2 次印刷		
规　　格	787×1 092　16 开本　9.5 印张　235 千字		
定　　价	26.00 元		

图书如有质量问题本社发行部负责调换

编审人员 CONTRIBUTORS

主　编　李宗财(甘肃畜牧工程职业技术学院)

宋世斌(甘肃农业职业技术学院)

副主编　马志远(甘肃省家畜繁育中心)

参　编　(以姓氏笔画为序)

吴　红(甘肃畜牧工程职业技术学院)

张　忠(甘肃畜牧工程职业技术学院)

聂福旭(甘肃畜牧工程职业技术学院)

戴命子(甘肃省静宁县威戎镇畜牧兽医站)

审　稿　王治仓(甘肃畜牧工程职业技术学院)

王登临(甘肃省动物卫生监督所)

前言 PREFACE

为了认真贯彻落实国发〔2014〕19 号《国务院关于加快发展现代职业教育的决定》、教职成〔2015〕6 号《教育部关于深化职业教育教学改革全面提高人才培养质量的若干意见》、《高等职业教育创新发展行动计划(2015—2018)》等文件精神，切实做到专业设置与产业需求对接、课程内容与职业标准对接、教学过程与生产过程对接、毕业证书与职业资格证书对接、职业教育与终身学习对接，自 2012 年以来，甘肃畜牧工程职业技术学院动物医学专业在中央财政支持的基础上，积极开展提升专业服务产业发展能力项目研究。项目组在大量理论研究和实践探索的基础上，制定了动物医学专业人才培养方案和课程标准，开发了动物医学专业群职业岗位培训教材和相关教学资源库。其中，高等职业学校提升专业服务产业发展能力项目——动物医学省级特色专业建设于 2014 年 3 月由甘肃畜牧工程职业技术学院学术委员会鉴定验收，此项目旨在创新人才培养模式与体制机制，推进专业与课程建设，加强师资队伍建设和实验实训条件建设，推进招生就业和继续教育工作，提升科技创新与社会服务水平，加强教材建设，全面提高人才培养质量，完善高职院校“产教融合、校企合作、工学结合、知行合一”的人才培养机制。为了充分发挥该项目成果的示范带动作用，甘肃畜牧工程职业技术学院委托中国农业大学出版社，依据教育部《高等职业学校专业教学标准(试行)》，以项目研究成果为基础，组织学校专业教师和企业技术专家，并联系相关兄弟院校教师参与，编写了动物医学专业建设项目成果系列教材，期望为技术技能人才培养提供支撑。

本套教材专业基础课以技术技能人才培养为目标，以动物医学专业群的岗位能力需求为导向，坚持适度、够用、实用及学生认知规律和同质化原则，以模块→项目→任务为主线，设“学习目标”、“学习内容”、“学习要求”三个教学组织单元，并以任务的形式展开叙述，明确学生通过学习应达到的识记、理解和应用等方面的基本要求。其中，识记是指学习后应当记住的内容，包括概念、原则、方法等，这是最低层次的要求；理解是指在识记的基础上，全面把握基本概念、基本原则、基本方法，并能以自己的语言阐述，能够说明与相关问题的区别及联系，这是较高层次的要求；应用是指能够运用所学的知识分析、解决涉及动物生产中的一般问题，包括简单应用和综合应用。有些项目的相关理论知识或实践技能，可通过扫描二维码、技能训练、知识拓展或知识链接等形式学习，为实现课程的教学目标和提高学生的学习效果奠定基础。

本套教材专业课以“职业岗位所遵循的行业标准和技术规范”为原则，以生产过程和岗位任务为主线，设计学习目标、学习内容、案例分析、考核评价和知识拓展等教学组织单元，尽可能开展“教、学、做”一体化教学，以体现“教学内容职业化、能力训练岗位化、教学环境企业化”特色。

本套教材建设由甘肃畜牧工程职业技术学院王治仓教授和康程周副教授主持，其中尚学俭、敬淑燕担任《动物解剖生理》主编；黄爱芳、祝艳华担任《动物病理》主编；冯志华担任《动物药理与毒理》主编；杨红梅担任《动物微生物》主编；康程周、王治仓担任《动物诊疗技术》主编；李宗财、宋世斌担任《牛内科病》主编；王延寿担任《猪内科病》主编；张忠、李勇生担任《禽内科病》主编；高啟贤、王立斌担任《动物外产科病》主编；贾志江担任《动物传染病》主编；刘娣琴担任《动物传染病实训图解》主编；张进隆、任作宝担任《动物寄生虫病》主编；祝艳华担任《动物防疫与检疫》主编；王选慧担任《兽医卫生检验》主编；刘根新、李海前担任《中兽医学》主编；李海前、刘根新担任《兽医中药学》主编；王学明、车清明担任《畜禽饲料添加剂及使用技术》主编；李和国担任《畜禽生产》主编；田启会、王立斌担任《犬猫疾病诊断与防治》主编；李宝明、车清明担任《畜牧兽医法规与行政执法》主编。本套教材内容渗透了动物医学专业方面的行业标准和技术规范，文字精练，图文并茂，通俗易懂，并以微信二维码的形式，提供了丰富的教学信息资源，编写形式新颖、职教特色明显，既可作为教师和学生开展“校企合作、工学结合”人才培养模式的特色教材，又可作为企业技术人员的培训教材，还可作为广大畜牧兽医工作者短期培训、技术服务和继续学习的参考用书。

《牛内科病》的编写分工为：项目一由吴红编写，项目二、项目七由李宗财编写，项目三由聂福旭编写，项目四由张忠编写，项目五由宋世斌编写，项目六由戴命子编写，项目八、附录由马志远编写。全书由李宗财修改定稿。

承蒙甘肃畜牧工程职业技术学院王治仓教授和甘肃省动物卫生监督所王登临所长对本教材进行了认真审定，并提出了宝贵的意见；编写过程中得到编写人员所在单位的大力支持，在此一并表示感谢。作者参考的有关资料，不再一一述及，谨对所有作者表示衷心的感谢！

由于编者初次尝试“专业建设项目成果”系列教材开发，时间仓促，水平有限，书中错误和不妥之处在所难免，敬请同行、专家批评指正。

编写组

2015 年 12 月

目录 CONTENTS

绪 论

一、课程简介

“牛内科病”是动物医学类专业临床课程“动物内科病”的主要分支，是动物医学类专业重要的专业课，是从事牛病诊治工作人员必学的课程，它包括营养代谢性疾病、消化系统疾病、呼吸系统疾病、心血管系统疾病、泌尿系统疾病、神经系统疾病、中毒性疾病、内科病病例诊治八大部分。

“牛内科病”主要阐明牛内科疾病的引起原因、发生发展规律以及诊断、治疗和预防方法，为动物疾病防制提供理论根据和防制指南。动物疾病防制在现代动物生产中起着重要的作用，是决定动物是否健康生长的关键因素。提高动物生产性能，除加强饲养管理外，在很大程度上取决于预防疾病。动物疾病预防控制工作不仅是经营养殖业成败的关键，而且与人类生活、健康关系密不可分。

学习“牛内科病”的最终目的是要了解内科疾病的引起原因、发生发展规律，以达到动物疾病预防控制、降低疾病的发生和充分提高动物生产性能的目的。

二、课程性质

“牛内科病”是兽医及其相关专业的专业课，具有较强的理论性和实践性。一方面，它介绍了牛内科疾病的引起原因、发生发展规律，基于畜牧兽医专业的职业活动、应职岗位需求，培养学生对动物疾病预防控制的专业能力，同时注重学生职业素质的培养。另一方面，作为专业课，它所阐述的基本理论与方法具有更多的疾病防制的指导意义，能为其他专业课程的学习和毕业后从事畜牧兽医工作奠定扎实的理论基础。

三、课程内容

本课程内容编写是以技术技能人才培养为目标，以畜牧兽医专业动物疾病防制方面的岗位能力需求为导向，坚持适度、够用、实用及学生认知规律和同质化原则，以过程性知识为主、陈述性知识为辅。

本课程内容排序尽量按照学习过程中学生认知心理顺序，与专业所对应的典型职业工作顺序，或对实际的动物疾病防制来分类序化知识。将陈述性知识与过程性知识整合、理论知识与实践知识整合，意味着适度、够用、实用的陈述性知识总量没有变化，而是这类知识在课程中的排序方式发生了变化。课程内容不再是静态的学科体系的显性理论知识的复制与再现，而是着眼于动态的行动体系的隐性知识生成与构建，更符合职业教育课程开发的全新理念。

本课程内容以实际应用知识和实践操作为主，删去了实践中应用性不强的理论知识，将疾病防制的相关知识和关键技能列出，依据教学内容的同质性和技术技能的相似性，进行归类和教学设计，划分为 8 个项目，42 个任务，即：

项目一　营养代谢性疾病

　任务一　奶牛酮病

　任务二　维生素 A 缺乏症

任务三　骨软症
任务四　佝偻病
任务五　母牛产后血红蛋白尿病
任务六　硒-维生素 E 缺乏综合征
项目二　消化系统疾病
任务七　口炎
任务八　食道阻塞
任务九　前胃弛缓
任务十　瘤胃积食
任务十一　瘤胃臌气
任务十二　瘤胃酸中毒
任务十三　创伤性网胃腹膜炎
任务十四　瓣胃阻塞
任务十五　皱胃炎
任务十六　皱胃阻塞
任务十七　皱胃变位
任务十八　胃肠炎
任务十九　犊牛消化不良
项目三　呼吸系统疾病
任务二十　感冒
任务二十一　支气管炎
任务二十二　支气管肺炎
任务二十三　异物性肺炎
项目四　心血管系统疾病
任务二十四　心力衰竭
任务二十五　贫血
项目五　泌尿系统疾病
任务二十六　肾炎
任务二十七　膀胱炎
任务二十八　尿石症
项目六　神经系统疾病
任务二十九　脑膜脑炎
任务三十　日射病和热射病
项目七　中毒性疾病
任务三十一　中毒病的救治
任务三十二　硝酸盐及亚硝酸盐中毒
任务三十三　氢氰酸中毒
任务三十四　酒糟中毒
任务三十五　马铃薯中毒

任务三十六　棉籽饼(粕)中毒
任务三十七　菜籽饼(粕)中毒
任务三十八　黄曲霉毒素中毒
任务三十九　尿素中毒
任务四十　有机磷农药中毒
任务四十一　食盐中毒
任务四十二　犊牛水中毒
项目八　内科病病例诊治

每一项目(除项目八)又设"学习目标""学习内容""案例分析""知识拓展""考核评价"等教学组织单元,并以任务的形式展开叙述,明确学生通过学习应达到的识记、理解和应用等方面的基本要求;有些项目的相关理论知识或实践技能,可通过扫描、技能训练、知识拓展或知识链接等形式学习。

四、课程目标

掌握动物疾病防制的基本知识,能够解决养殖生产中的实际问题。使读者达到以下目标:
(1)了解动物临床疾病的一般发病规律,熟悉常用诊疗方法及药物。
(2)学习动物疾病的概念、发生病因,掌握其症状、诊断及治疗。
(3)根据动物生产实际,为各类动物疾病防制提出预防措施。
(4)运用相应的动物疾病防制技术技能,充分发挥养殖者的智慧,提供高品质的动物产品。
(5)建立动物疾病发生档案,为提高养殖场经济效益、预防疾病传播提供一定的技术支撑。

Project 1

营养代谢性疾病

学习目标

(1)了解营养代谢性疾病的一般发病规律，熟悉常用诊疗方法及药物。

(2)了解奶牛酮病、维生素A缺乏症、佝偻病、骨软症、硒-维生素E缺乏综合征、母牛产后血红蛋白尿症的概念、病因，掌握其症状、诊断、治疗及预防。

【学习内容】

任务一 奶牛酮病

奶牛酮病是由于奶牛体内碳水化合物及挥发性脂肪酸代谢紊乱所引起的一种全身性功能失调的代谢性疾病。以酮血、酮尿、酮乳和低血糖为特征。

奶牛酮病根据有无临床症状可以分为临床型酮病和亚临床型酮病两种：临床型酮病奶牛血清中酮体含量一般为3.44 mmol/L(200 mg/L)以上，奶牛表现为产奶量下降，不食精料，很快消瘦，呼出气体、乳汁以及尿中带有酮味等。亚临床型酮病奶牛血清中酮体含量为1.72～3.44 mmol/L(100～200 mg/L)，大多数不表现临床症状。健康奶牛血清中酮体含量通常低于1.72 mmol/L(100 mg/L)。

本病多发生于产后2～6周，各胎龄母牛均可发病，但以3～6胎产乳量高的母牛发病最多。通常患酮病的奶牛死亡率极低，几乎都可以治愈。

[**病因**]

引起奶牛酮病的原因很多，且很复杂，主要有以下几个方面：

1. 奶牛高产

由于奶牛的产奶高峰大多在分娩后4～6周开始出现，但此时奶牛的食欲和采食量尚未恢复，摄入的能量不能满足奶牛高产的需要而发生酮病。

2. 日粮因素

(1)饲料供应过少，品质低劣、单纯，日粮不平衡，即奶牛饲喂低蛋白、低脂肪的日粮容易发病，此时发生的酮病称饥饿性酮病。

(2)饲喂高蛋白、高脂肪的日粮也容易发病，这种酮病的发生可能是体内碳水化合物的代谢发生了障碍，即碳水化合物不能充分的转化成葡萄糖所致。

(3)日粮中丁酸过多(丁酸是一种生酮物质，通常青贮饲料所含的生酮物质比干草要多，而且多汁饲料制成的青贮饲料所含的生酮物质比其他饲料多)，另外，日粮中碘、钴、磷等矿物质缺乏也可促进奶牛酮病的发生。

3. 奶牛产前过度肥胖

母牛产前过度肥胖，严重影响产后采食量的恢复，摄入能量不足，引起能量负平衡，从而产生大量酮体而发病。由这种原因引起的酮病称为消耗性酮病。这是引起奶牛发生酮病的主要原因之一。

4. 应激因素

寒冷、饥饿和过度的挤奶等因素均会促进奶牛发病。

5. 继发性酮病

继发于前胃弛缓、创伤性网胃炎、真胃变位、真胃炎、子宫炎、生产瘫痪、胎衣不下等疾病。

[**症状**]

轻型经过的酮病缺乏明显的临床症状，仅产奶量下降，食欲轻度减少，进行性消瘦等。临床型酮病一般可分为消化型、神经型和瘫痪型(麻痹型)三种类型，其共有症状是呼出气体、尿液和乳汁均有烂苹果的气味(丙酮味),但因多数闻不到而被忽略。化验尿、乳可发现大量酮体。三型中以消化型常见,发病率最高。

1.消化型

病牛精神沉郁,食欲下降,拒食精料和青贮饲料,仅采食少量干草,产奶量明显下降且乳汁容易形成泡沫,很快消瘦。反刍减少,瘤胃蠕动音减弱或消失,体温一般无变化。

2.神经型

通常是在消化型的基础上出现神经症状,除有不同程度的消化型主要症状外,还有兴奋不安、哞叫,空口咀嚼,无目的的转圈和异常步态,头顶墙、食槽或柱子等。部分牛出现视力降低,感觉过敏,躯体肌肉和眼球震颤等一系列神经症状,之后转入沉郁阶段,对外界刺激反应降低。有的兴奋和沉郁可交替发作。

3.瘫痪型(麻痹型)

许多症状与生产瘫痪相似,病牛常卧地不起,食欲减退或拒食,泌乳量降低,消瘦,前胃弛缓等,一般称为生产瘫痪型酮病。

[**诊断**]

临床型酮病主要根据本病发生于产犊后几天至几周内,低血糖、高血酮并伴有食欲骤减,泌乳量急剧下降,神经症状,以3～6胎的营养良好的高产奶牛发病最多等不难做出诊断。亚临床酮病主要根据血、乳中酮体浓度升高,泌乳量逐渐下降,多于产后6周内发生,伴有体重下降等而做出诊断。继发性酮病虽有血、尿中酮体浓度升高现象,但这些病多有其自身的特点,用高糖治疗有部分效果,只要原发病未根除,仍可反复出现血、尿、乳酮体浓度升高。

实验室诊断:奶牛酮病表现低糖血症、高酮血症。血糖浓度从正常时2.8 mmol/L(500 mg/L)降至1.12～2.24 mmol/L(200～400 mg/L)。高酮血症,血清酮体含量一般在3.44 mmol/L(200 mg/L)以上,尿酮、乳酮化验均为阳性。也可用人医检测尿酮用的酮体试纸进行测定。

实验室定性检测酮体多采用快速简易定性法检测血液、尿液和乳汁中有无酮体存在。所用试剂为亚硝基铁氰化钠1份、硫酸铵20份、无水碳酸钠20份,混合研细。取其粉末0.2 g放在载玻片上,加待检样品2～3滴,若含酮体则立即出现紫红色。

本病应注意与生产瘫痪鉴别诊断,生产瘫痪多发生于产后1～3 d,呼出的气体、尿液、乳汁无特异性气味,尿、乳酮体检验呈阴性。通过补充钙剂和乳房送风疗法有效,而酮病通过补充钙剂疗效不显著。

原发性酮病除因脂肪肝引起的恢复较慢外,一般预后良好,而继发性酮病在根治原发性疾病过程中,“酮症”可随之消失。

[**治疗**]

治疗原则以提高血糖含量为主,辅之解除酸中毒。

1.补糖疗法

静脉注射50%葡萄糖溶液500 mL,对大多数病牛有明显效果,但需重复注射,否则可能复发。严重者可增加次数,或少量多次地注射,以维持血糖的稳定。或内服丙酸钠100～200 g,1～2次/d,连用7～10 d,还可内服丙二醇或甘油(500 g/次,2次/d,用2 d;随后250 g/d,用2～10 d)。补糖的同时,静脉注射5%氯化钙200～300 mL,可加速治愈。

2. 激素疗法

应用促肾上腺皮质激素(ACTH)200～600 IU,1 次肌肉注射,既能动员组织蛋白的糖原异生作用,又可维持高血糖浓度的作用时间,效果确实,而且方便易行。或用肾上腺糖皮质激素,如氢化可的松,肌肉或静脉注射,但应用糖皮质激素,在治疗初期会引起奶牛泌乳量下降。

3. 其他疗法

对神经性酮病可用水合氯醛内服,首次剂量为 30 g,以后用 7 g,2 次/d,连服数日。因首次剂量较大,最好用胶囊剂投服,继则剂量较小,可放在蜜糖或水中灌服。水合氯醛的作用是对大脑产生抑制作用,降低兴奋性,同时破坏瘤胃中的淀粉及刺激葡萄糖的产生和吸收,并通过瘤胃的发酵作用而增加丙酸的产生。为减少体脂肪动员,减少酮体的生成,可用胰岛素 200～300 IU,肌肉注射,1 次/d,连用 3～4 d。

为解除酸中毒,调节酸碱平衡,可用 5%碳酸氢钠注射液 500～1 000 mL,静脉注射。

加强前胃消化机能,促进食欲,可用人工盐 200～250 g,或酵母粉 500 g,加水,灌服;维生素 B_1 0.2～0.4 g,1 次肌肉注射。

[**预防**]

对酮病应着重于预防,在生产中可采取综合性预防措施,主要有以下几个方面:

(1)加强饲养管理,合理配合日粮,根据奶牛不同生理阶段将牛分群管理,合理调配日粮来饲喂奶牛。粗饲料要质量好、口感强、易消化、营养丰富,饲料的种类要多样化,防止单一,要严防牛体过肥或过瘦。提倡饲喂奶牛全混日粮,根据不同阶段,调配不同的饲料配方,保证饲料中有适量的钴、磷、碘和维生素等。日粮中要增加干草量,高产奶牛日粮中优质干草不少于 3～5 kg。

(2)加强产前和产后奶牛健康检查,建立奶牛群的酮体监测制度,定期补糖、补钙。通过定期血糖测定、尿酮检查等检出血糖降低的早期亚临床型酮病,凡阳性反应,应加强其饲养管理,合理调配饲料,并立即进行治疗。

(3)调整日粮结构,增加生糖物质,高产奶牛的饲料中添加丙酸钠 120 g/d,2 次/d,连用 10 d,也有较好的预防效果。

(4)加强运动,增加全身抵抗力。舍饲母牛每日必须有一定的运动时间,减少产后子宫弛缓、胎衣不下的发生,增进食欲。

任务二　维生素 A 缺乏症

维生素 A 缺乏症是由于机体内维生素 A 或维生素 A 原(胡萝卜素)缺乏或不足而引起的一种营养代谢性疾病。临床上以生长迟缓、视觉异常、繁殖机能障碍以及机体免疫力低下为主要特征。各种动物均可发生,但以妊娠奶牛和泌乳奶牛多发。

[**病因**]

本病的发生,主要是由于饲料中缺乏维生素 A 或维生素 A 原所致。维生素 A 仅存于动物源性饲料中,鱼肝和鱼油是其丰富来源。维生素 A 原(主要是 β-胡萝卜素)主要存在于青绿饲料、胡萝卜、黄玉米(玉米黄素)、南瓜等饲料中,而谷类及其副产品中含量较少。如果长期单一饲喂配合日粮,又不补加青绿饲料或维生素 A 时,极易发病。另外,饲料收割、加工、贮存不当,存放过久,发霉变质以及长期经日光暴晒,其中 β-胡萝卜素受到破坏,长期饲喂可发病。

3 周龄前犊牛,不能从饲料中摄取胡萝卜素,需从初乳或母乳中获取。初乳或母乳中维生素 A 含量低下以及使用乳品饲喂犊牛,或过早断奶,都易引起维生素 A 缺乏症。

胃肠疾病和肝脏疾病,维生素 A 损失过多和不能吸收、利用及贮藏等,容易促进本病的发生。

机体对维生素 A 的需要量增多,如妊娠期、泌乳期,或维生素 A 排泄增多(如长期腹泻)亦可引起维生素 A 缺乏症。

[**症状**]

1. 视力障碍

病初呈夜盲症,视力减弱,特别是对暗光的适应能力差,早晨、傍晚或月光下光线朦胧时,盲目前进,行动迟缓,碰撞障碍物。以后继发干眼病,流泪,角膜变厚和混浊,形成云雾状,甚至失明。

2. 皮肤变化

皮肤发炎,背尾部皮肤附着有大量糠麸样痂皮(干性糠疹),蹄角质生长不良,有破裂或凹沟。

3. 神经症状

临床上表现为阵发性痉挛、强直性痉挛发作或强直性、阵发性惊厥等症状,这是犊牛维生素 A 缺乏的早期症状之一,比眼的变化更明显。另外还表现为骨骼肌麻痹,运动机能障碍等。

4. 繁殖力下降

公畜精液品质不良,精子数目少,活力差。母畜发情紊乱,受胎率下降,产后多发生胎衣不下,所产犊牛体质弱,可见各种缺陷(脑水肿、眼损害)或畸形,活力低下。

5. 抗病力低下

由于黏膜上皮角质化,腺体萎缩,极易发生支气管炎、肺炎、胃肠炎、泌尿生殖器官炎症等疾病,或因抵抗力下降而引起继发感染。

[**诊断**]

根据病史和临床特征可初步诊断。确诊需参考病例损害特征、血浆和肝脏中维生素 A 及 β-胡萝卜素水平,以及脑脊液压力的变化。

[**治疗**]

发病后,要多饲喂胡萝卜、黄玉米和苜蓿等青绿饲料。

药物治疗效果明显,治疗药物可用维生素 A 制剂和富含维生素 A 的鱼肝油。维生素 AD 滴剂:成年牛 5~10 mL,犊牛 2~4 mL,内服。浓缩维生素 A 油剂:成年牛 15 万~30 万 IU,犊牛 5 万~10 万 IU,内服或肌肉注射,1 次/d。维生素 A 胶丸:500 IU/kg 体重,内服。鱼肝油 20~60 mL,内服,但效果缓慢,需长时期应用。

对症疗法,消化不良时,应用健胃剂。结膜炎时,可用 2% 硼酸,或 1:3 000 高锰酸钾液洗眼。皮肤病变明显的,在用维生素 A 的同时,要配合复合维生素 B,特别是哺乳犊牛。

［**预防**］

首先应改善饲养管理，加强护理。其次要调整日粮组成，饲喂富含维生素 A 和胡萝卜素的饲料，特别是冬季和早春，如优质青草或干草、胡萝卜、青贮饲料、黄玉米，也可补给鱼肝油。饲料不宜储存过久，以免胡萝卜素被破坏，也不宜过早地将维生素 A 拌入饲料中做储备饲料，以免氧化破坏。孕牛在产前 4～6 周期间给予鱼肝油或维生素 A 浓油剂 60 万～80 万 IU，每周一次。要及时治疗肝脏和胃肠道疾病，以保证胡萝卜素、维生素 A 的吸收、转化和储存。

任务三　骨软症

骨软症是成年动物由于钙、磷代谢障碍引起的骨营养不良症。临床上以消化紊乱、异嗜、运动障碍和骨骼变形为特征。最常见于妊娠期或泌乳期的高产母牛，特别是高产奶牛或高龄奶牛多发。

［**病因**］

1. 主要是钙磷不足或其比例不当

一般认为骨软症的主要原因是草料内钙磷不足或其比例不当。试验指出，黄牛日粮中的钙磷比，以 2.5∶1 为宜，奶牛 1.5∶1，泌乳奶牛则为 0.8∶0.7 比较适宜。动物种类不同，在致病因素上也有一定的差异，牛的骨软症通常由于饲料、饮水中磷含量不足或钙含量过多，导致钙、磷比例不平衡而发生。

2. 日粮中维生素 D 缺乏

维生素 D 在钙、磷代谢中发挥着重要作用，维生素 D 能促进钙、磷的吸收和利用，促进长骨生长和钙化。因此，长期缺乏日照的舍饲牛及用缺乏光照的植物来饲喂的牛均会患该病。

3. 钙消耗过多

母畜妊娠后期由于胎儿的发育需要消耗大量钙盐，或母畜大量泌乳，大量的钙进入乳汁，也可造成母畜缺钙。另外，饲料中植酸过多，或蛋白质的代谢产物硫酸、磷酸及脂肪酸含量过高，与体液中钙离子结合形成不溶性钙盐，从而造成钙的损耗加大。

另外，动物患有慢性肝脏疾病和肾脏疾病，可影响维生素 D 的活化，从而使钙、磷的吸收和成骨作用障碍发生钙化不全。甲状旁腺机能亢进，破骨作用增强，使骨骼中大量钙盐溶解，引起骨质疏松。日粮中锌、铜、锰等不足也影响骨的形成和代谢。

［**症状**］

骨软症症状出现很缓慢，人为地减少饲料里的钙，需 1～2 个月才呈现出不为人注意的早期轻微的临床症状，在自然情况下临床症状出现就更慢了。

病初患牛精神不振，食欲减退，反刍减少，消化机能紊乱。骨骼负重能力降低而不愿活动，卧多站少，一般运动也易引起疲乏，甚至出汗。异嗜，病牛舔食泥土、墙壁、垫草等。继之，病牛体瘦毛焦，出现不明原因的一肢或几肢跛行，成年母牛多从后肢开始，这时如果检查尾椎，最后几节椎骨已经变软或已被吸收。随病情进一步发展，骨骼变形，尤以四肢长骨、关节、肋骨和尾椎骨变化明显。四肢关节肿大，脊柱弯曲，肋骨宽窄不均呈串珠状，胸部狭窄，尾椎骨排列移位、变形，最后几个椎体消失。严重者，两后肢跗关节以下，向外倾斜，呈“X”

形。运步不灵活，拖拽其两后肢，呈“拉弓”或“拉弓射箭”姿势，运步时常可听到肢关节内有破裂音，即“吱吱”声，倒卧时易引起骨折。蹄变形，蹄部变大而粗糙，甚至蹄壁裂开。盆骨变形，母牛发生难产。牙齿磨面不整齐，松动，容易脱落，咀嚼缓慢，流涎，时吐草团，下颌骨肿大。最终病牛卧地不起。

［**诊断**］

根据病史调查（日粮组合）和临床症状（消化紊乱、异嗜、运动及站立异常、骨骼变形等）可建立诊断。诊断时要注意与风湿症及氟中毒的鉴别诊断。

［**治疗**］

治疗原则是加强护理，调整日粮结构，补充钙、磷和维生素 D。

发病初期若及时治疗，疗效较好。如症状日趋明显，则不可能使之恢复。具体治疗方法如下：

（1）饲料中可添加碳酸钙、南京石粉、磷酸钙、乳酸钙等，30～50 g/d，连服数日。或添加骨粉 250 g，1 次/d，5～7 d 为一个疗程。

（2）静脉注射 10％氯化钙 200～300 mL，或 20％葡萄糖酸钙 500 mL，或 20％磷酸二氢钠 300～500 mL，或 3％次磷酸钙 1 000 mL，1 次/d，连续注射 5～7 d。

（3）维丁胶性钙注射液 10 万 IU，一次肌肉注射，隔日一次，连续 3～5 次。

［**预防**］

加强饲养管理，注意日粮调配，保证钙、磷的需要。妊娠母牛要补充矿物质和维生素饲料，适当运动并多晒太阳。对已经出现脱钙现象，表现出症状的高产奶牛，为防止病情恶化，促使机体恢复，应及早停乳并治疗。及时治疗胃肠病以利钙、磷的吸收。

任务四　佝偻病

佝偻病是幼龄动物在生长发育过程中，由于维生素 D 缺乏和钙磷代谢障碍而引起的一种代谢性疾病。临床上以发育迟缓、消化紊乱、异嗜、运动障碍和骨骼变形为特征。

［**病因**］

引起佝偻病发生的原因有多种，但维生素 D 缺乏是发生佝偻病的主要原因，常见的有：

（1）日粮中维生素 D 缺乏。日粮中维生素 D 缺乏是引起佝偻病的主要原因。幼龄哺乳动物体内维生素 D 主要来源于母乳或代乳，母乳或代乳中维生素 D 不足，导致佝偻病。采食后维生素 D 主要来源于饲料，若饲料中维生素 D 供给不足，即使饲料中钙、磷含量充足，也会导致钙、磷吸收障碍，发生佝偻病。

（2）母畜长期采食未经太阳晒过的干草，使植物中的麦角固醇不能转化为维生素 D_2，造成乳汁中维生素 D 严重不足。

（3）幼畜长期在光照不足的圈舍饲养，皮肤中的 7-脱氢胆固醇不能转变为维生素 D_2 和维生素 D_3，加之乳汁中维生素 D 缺乏是哺乳幼畜发病的主要原因。

（4）患有慢性肝脏疾病和肾脏疾病，可影响维生素 D 的活化，从而使钙、磷的吸收和成骨作用发生障碍而导致本病。

(5)钙和/或磷的摄入和吸收减少容易发生佝偻病，主要是日粮中钙、磷缺乏或比例失调。一般认为，幼畜日粮中钙、磷比例为(1～2)：1，高于或低于此比例，特别是伴有轻度维生素D不足，即可发病。幼畜长期消化不良或患脂肪肝时可影响维生素D的吸收。青绿饲料中胡萝卜素含量过高也会引起维生素D缺乏。

(6)维生素A、维生素C缺乏。维生素A参与骨骼中黏多糖的合成，它是胚胎和犊牛的骨骼生长发育所必需的。而维生素C是羟化酶的辅助因子，促进骨骼有机母质的合成。因此，维生素A、维生素C缺乏会导致新生犊牛骨骼变形，造成佝偻病的发生。此外，锰、铜、锌缺乏也可影响骨骼的形成和发育。

[**症状**]

病牛精神沉郁，喜卧，异嗜，常有消化不良症状，消瘦，生长发育受阻。出牙期延长，齿形不规则，易磨损，有时出现痉挛。站立时，四肢频频交换负重，运步时，步样强拘。骨骼变形，四肢骨骼弯曲，前肢腕关节屈曲，呈内弧形(“O”形)，后肢跗关节内收，呈外弧形(“X”形)姿势。骨质变软，容易发生骨折。

特征性临床症状是四肢各关节肿大，特别是腕关节和跗关节最为明显。四肢长骨弯曲变形，肋骨和肋软骨结合部呈串珠状肿胀。

[**诊断**]

主要根据发病年龄、异嗜、生长缓慢、关节肿大和异常姿势等进行诊断。

[**治疗**]

治疗原则是加强护理，消除病因，促进钙、磷吸收与沉积。

对病牛尽早治疗，可用维生素D_2 200万～400万IU，肌肉注射；或者维丁胶性钙液5～10 mL，肌肉注射，1次/d，连续注射3～5 d。

对四肢变曲严重的幼畜，可用石膏或夹板绷带固定，辅助负重，以利矫形。

[**预防**]

加强对妊娠、哺乳母畜的饲养，饲喂全价日粮，保证充足的维生素D和钙、磷。日粮中钙、磷比例，一般应控制在(1.2～2)：1，骨粉、鱼粉及脱氟磷酸钙是较好的补充钙、磷的添加剂，因其比例在正常范围内，不必调整。但不能单一用石粉、蛋壳粉、贝壳粉来补钙，因为这些物质中几乎不含磷，不利于钙的吸收和利用。必要时补充富含维生素D和矿物质的饲料。仔畜不宜断奶过早，要经常运动，多晒太阳，光线要充足。及时治疗胃肠道疾病。

任务五　母牛产后血红蛋白尿病

母牛产后血红蛋白尿病是由于低磷而引起的一种溶血性营养代谢病，临床上以血红蛋白尿和贫血为特征。本病主要发生于分娩后2～4周的3～6胎的高产母牛(5～8岁)，3岁以下的奶牛很少发病。本病发病率低，呈散发，但如果不及时治疗，死亡率高达50%。

[**病因**]

本病发生的主要原因是饲喂低磷日粮，同时与产后大量泌乳，磷脂排出增多有一定的相关性。不论是产前发病或产后发病的母牛，均伴有低磷酸盐血症，但并非所有的低磷酸盐血症的母牛都会发生临床血红蛋白尿。采食甜菜块根和叶、青绿燕麦、埃及三叶草、苜蓿以及十字花科植物（如油菜、甘蓝、萝卜等）的母牛发病较多，这些植物或饲料中磷含量较低。应激也可能是一个重要的诱发因素，比如寒冷，冬春季发病较多，可能与寒冷刺激有关。另外也可能与铜缺乏有关。

［**症状**］

红尿是本病的突出病征，甚至是初期阶段的唯一病征。大多在分娩后 2～4 周内突然排红色的血红蛋白尿，短时间内同时伴发黄疸，食欲不振，泌乳量下降。病牛尿液在最初 1～3 d 内逐渐地由淡变深，尿色呈淡红、红色、暗红色，直至紫红色、咖啡色或酱油色，然后随症状减轻至痊愈时，又逐渐地由深而变淡，直至正常。排尿次数增加，尿量减少，体温正常或稍微偏高。

随病程延长，贫血程度加剧，可视黏膜、腋下、股内侧及乳房皮肤呈苍白、黄染。呼吸急促，心率增加，可高达 90～120 次/min，心搏动加快加强，颈静脉怒张及明显的颈静脉搏动，心音亢进，出现贫血性杂音。全身衰弱，躺卧不起，若 3～5 d 内不死，可转入恢复期。

［**诊断**］

根据病史和临床特征症状（红尿，可视黏膜苍白、黄染）可建立诊断。但须与牛细菌性血红蛋白尿、钩端螺旋体病、梨形虫病、蕨中毒、慢性铜中毒、犊牛水中毒等鉴别诊断，还要和泌尿系统疾病引起的血尿鉴别。

牛细菌性血红蛋白尿：由溶血性梭菌感染引起，发病急，有高热及肠出血，病程短，常在 24～36 h 内死亡，病初用广谱抗生素有一定效果。

钩端螺旋体病：由钩端螺旋体引起，以贫血、黄疸、血红蛋白尿、黏膜和皮肤坏死及短期发热为特征。本病的发生有明显的季节性，多发于夏秋季节鼠类大量繁殖活动的时期，多呈地方流行性或散发性。犊牛较成年牛易发病而且症状严重。体温升高，全身症状明显，可视黏膜苍白、黄染，鼻唇部黏膜坏死，表现不同程度的血红蛋白尿。通过微生物和血清学检查可确诊。

梨形虫病：通过蜱吸血而传播。主要在夏秋季节流行，高热稽留，可视黏膜苍白、黄染，淋巴结肿大。发病与年龄、性别、分娩无关。采血镜检在红细胞中可检出虫体。

蕨中毒：因采食蕨而引起中毒，其特征是可视黏膜瘀斑性出血，鼻孔、肠道及泌尿生殖道出血，凝血时间延长，体温升高。

慢性铜中毒：本病往往有接触或误服硫酸铜及其铜盐的病史。主要表现为贫血，血红蛋白尿，可视黏膜苍白、黄染。

犊牛水中毒：暴饮后发病，腹痛，血红蛋白尿。

泌尿系统疾病：如肾盂肾炎、出血性膀胱炎、肾炎、尿石症等，临床表现血尿，尿液呈红色，将尿液静置 24 h 后，下层有红细胞沉淀物。除此之外，还会出现泌尿系统疾病的一系列相关症状。

［**治疗**］

治疗以补磷为主。磷制剂能获满意效果，如 20%磷酸二氢钠溶液 300～500 mL，静脉注射，2 次/d，一般在注射 1～2 次后，红尿消失。重症可连续治疗 2～4 次。也可静脉注射 3%

次磷酸钙溶液 1 000 mL，效果良好。但勿用磷酸氢二钠、磷酸二氢钾和磷酸氢二钾等。

同时应补充含磷丰富的饲料如骨粉、麸皮、豆饼、米糠等。如在饲料中添加骨粉 120～180 g，2 次/d，连续饲喂 5～7 d。

［**预防**］

日粮标准应按母牛需要量供应，根据机体泌乳的需要，应保证饲料中含有足够的磷（当然包括钙以及钙与磷的合适比例）。在大量饲喂油菜属植物时，要补充富含磷的饲料（如豆饼、麸皮、米糠和骨粉等）。油菜、萝卜、甘蓝等每日饲喂量不要过多，以 5～10 kg 为宜。在发病地区，饲料的营养成分无法计算时，每年从 11 月份至翌年 4 月份，每日每头牛应加喂 50 g 骨粉，或每天在饲料中添加麸皮 500～1 000 g。冬季和气候突变时要加强防寒保暖工作。加强对奶牛的监护，以便早期发现病牛。

任务六　硒-维生素 E 缺乏综合征

硒-维生素 E 缺乏综合征是由于体内微量元素硒或维生素 E 单独缺乏或共同缺乏所引起的一类疾病的总称，又称白肌病。由于硒缺乏和维生素 E 缺乏在病因、症状、病理变化和防治等诸方面存在着复杂而密切的关系，临床上将两者统称为硒-维生素 E 缺乏综合征。其病理特征因动物种类不同而存在着一定的差异，主要表现为骨骼肌变性、坏死、肝营养不良以及心肌纤维变性等。

本病的发生具有如下特点：

1.发病的地区性

这是本病的一个重要流行病学特征。土壤的低硒环境是致病的根本原因。贫硒土壤生长的植物，其含硒量也低，亦即低硒环境（土壤）通过饲料作用于动物机体而发病。我国约有 72％的地区缺硒，北起黑龙江省、吉林省和内蒙古自治区，经过山西、陕西、四川，直到西南部云南省，形成一个连续的广阔低硒带。在这一区域有三大缺硒区，即东北、华北经太行山、大别山至云南、贵州、青海、甘肃和陕北地区，黄海、渤海等沿海地区。在严重缺硒地区，土壤含硒量仅 0.06 mg/kg，这些地区人的克山病、大骨节病、动物的白肌病均与土壤缺硒有关。

2.发病的季节性

本病多集中发生于每年 2—5 月间。这种现象可能与漫长的冬季、初春舍饲状态下青绿饲料缺乏，某些营养物质（如维生素类）不足有关。此外，春季（2—5 月）正是畜禽集中繁殖的旺季，而本病主要是侵害幼龄畜禽，以致形成春季发病高峰。

3.发病的群体选择性

主要表现为明显的年龄因素。本病多发于幼龄阶段，1～3 月龄的犊牛最容易发病，成年奶牛较少发病。这与幼龄动物抗病力较弱及其生长发育迅速，代谢旺盛，对营养物质需求量增加，对低硒营养的反应更为敏感有关。

［**病因**］

饲料（草）中硒和维生素 E 含量不足是发病的根本原因。饲料中的硒来源于土壤硒，土壤硒含量一般为 0.1～0.2 mg/kg，植物性饲料的适宜含硒量为 0.1 mg/kg。当土壤硒含量低于

0.5 mg/kg，植物性饲料含硒量低于 0.05 mg/kg 时，便可引起动物发病。由此可见，低硒环境（土壤）是本病的根本致病原因，低硒环境（土壤）通过饲料（植物）作用于动物机体而发病。

此外，饲料中含有大量不饱和脂肪酸（如鱼粉、动物脂肪、豆油等）、饲料加工储存不当（如高温、暴晒等），可使其中的维生素 E 遭到氧化破坏；饲料中与硒相拮抗的元素如硫等含量过高，可干扰机体对硒的吸收；机体对维生素 E 需要量增加（如妊娠母畜、各种应激因素等），肝胆疾病等，都将导致维生素 E 不足或吸收不良而发生本病。

[**症状**]

(1)最急性型　多见于 3 月龄以下的犊牛，病牛可能无前驱症状而突然死亡，或在驱赶、运动中突然死亡，心率常增加至 150～200 次/min，体温正常。

(2)急性型　以机体衰弱，心力衰竭（心跳快而弱，心律不齐，心杂音），运动障碍，呼吸困难，消化机能紊乱为特征。病畜精神沉郁，食欲降低，不愿走动，喜卧，重者站立不稳，共济失调，有的前后肢轻度瘫痪，即使辅助站起，也因肌肉震颤不能负重而卧下。体温一般正常，发生继发感染时则体温升高。触诊背部、臀部的肌肉，有肿胀趋势，比正常肌肉硬，且常呈对称性。

(3)慢性型　生长发育停滞，心力衰竭，运动障碍，顽固性腹泻。

犊牛发病时，精神沉郁，喜卧，站立不稳，共济失调，消化不良，肌肉震颤、痉挛，心跳加快（100～140 次/min），呼吸加快（70～80 次/min）。多数病例发生结膜炎，甚至角膜混浊、软化。可继发支气管炎、肺炎。后期食欲废绝，多因心力衰竭和肺水肿而死亡。

二维码 1-1　病牛由于背部肌肉变性、坏死而呈现出特异性的“翼状肩胛骨”

[**病理变化**]

主要的病变部位在骨骼肌、心肌和肝脏，其次为肾脏和脑。患病时，骨骼肌色淡苍白，呈鱼肉样或煮肉样外观，双侧对称，以肩胛部、胸背部、腰部及臀部肌肉变化最为明显。心肌扩张、变薄，心内膜下肌肉呈灰白色或黄白色的条纹或斑块（虎斑心）。肝脏肿大，切面有槟榔样的花纹，称槟榔肝。

[**诊断**]

根据地方性缺硒病史、临床症状（运动障碍、心力衰竭、消化不良等）、病理剖检及硒制剂治疗效果等即可做出诊断。确诊需要进行补硒治疗性诊断和饲料、组织和血液中硒和维生素 E 含量等的测定。

[**治疗**]

本病用硒制剂治疗效果满意。常用 0.1%亚硒酸钠溶液，成年牛 15～20 mL，犊牛 5～10 mL，肌肉注射，隔 10～20 d 重复一次，病情严重者，每 5 d 注射 1 次，共 2～3 次。配合补给适量的维生素 E 效果更好，可使用醋酸生育酚，肌肉注射，成年牛 5～20 mg/kg 体重，犊牛 0.5～1.5 g/头。另外，适当应用维生素 A、维生素 B、维生素 C 及其他对症疗法。

[**预防**]

加强饲养管理，饲喂富含硒和维生素 E 的饲料，或直接补硒和维生素 E。缺硒地区可在土壤中补充亚硒酸钠或硒肥。母牛妊娠中后期可用亚硒酸钠最低剂量注射 1～2 次，产后再补充 1 次，以提高乳汁中硒含量。

【案例分析】

分析以下案例，根据病史和临床检查，提出初步诊断，制订治疗措施（开出处方）。

案例 1 主诉：荷斯坦奶牛，5 岁，发病已 3 d，拒食精料，反刍减少，产奶量下降。临床检查：病牛精神沉郁，食欲减退，仅采食少量的干草，被毛粗乱，消瘦。体温 38.9℃，脉搏 67 次/min，呼吸 24 次/min，反刍无力，瘤胃蠕动音减弱。实验室检测，血清酮体含量为 215 mg/L。

案例 2 某养殖户养奶牛 5 头，其中有 1 头高产奶牛在产犊后 20 d 发病。精神沉郁，食欲减退，泌乳量下降，乳中泡沫增多，呼出气体带轻微的烂苹果味。体温 38.3℃，心率 62 次/min，呼吸 21 次/min。曾用抗生素进行治疗，但无效果。

案例 3 犊牛，3 月龄，精神沉郁，食欲不振，消瘦，被毛蓬乱无光泽，皮肤干燥有脱屑，流泪，角膜上皮组织增厚，存在轻度的云雾状层。清晨或傍晚光线朦胧时行动迟缓，盲目行走，容易碰撞障碍物，轻度腹泻。体温 39.5℃，脉搏 85 次/min，呼吸 32 次/min。据调查该场饲料长时间以干稻草为主，且很少饲喂青绿多汁饲草。

案例 4 某奶牛场有 10 头犊牛发病，临床表现为精神沉郁，食欲下降，生长缓慢，消瘦，站立不稳，喜卧，运动障碍等。曾用钙制剂治疗，但未见任何效果。临床检查：体温正常，心率加快，每分钟达 130 次左右，且伴有心律不齐，呼吸次数增加。运步缓慢，颈、肩、背部及臀部的肌肉均有不同程度的变硬，尤以肩胛骨肌肉最为明显。

【知识拓展】

表现运动障碍症状的牛病

1. 运动异常同时伴有明显外伤病史的牛病

主要有骨折、关节扭挫伤。

骨折：跛行或瘫痪，损伤部肿胀、变形，骨摩擦音，X 线检查发现骨断裂。

关节扭挫伤：跛行或瘫痪，损伤部肿胀，不变形，无骨摩擦音，X 线检查发现肌肉或韧带断裂，但无骨折。

2. 运动异常但无外伤病史的牛病

主要有佝偻病、骨软病、硒和维生素 E 缺乏症、铜缺乏症、锰缺乏症、风湿病、蹄叶炎、腐蹄病。

佝偻病：发生于幼龄动物，异嗜，消化不良，消瘦，出牙期延长，齿形不规则，易磨损。站立时，四肢频频交替负重；运步时，步样强拘。骨骼变形，四肢各关节肿大，骨骼弯曲，前肢腕关节屈曲，呈内弧形（"O"形），后肢跗关节内收，呈外弧形（"X"形）姿势。

骨软病：发生于成年牛，有饲喂低磷饲料的病史，消化不良，异食癖，骨脆易折，骨骼变形，尤以四肢长骨、关节、肋骨和尾椎骨变化明显。尾椎骨变形甚至变软，运动时运步不灵活，拖拽其两后肢，呈"拉弓射箭"姿势，X 线检查骨密度下降，血磷降低。

硒和维生素 E 缺乏症：犊牛生长发育受阻，肌肉无力，肌肉颜色变淡，共济失调，跛行或瘫痪。顽固性腹泻，心力衰竭，心律不齐。

铜缺乏症：食欲减退，消瘦，贫血，异嗜，生长发育缓慢，运动障碍，步态强拘，关节硬性肿大，屈腱挛缩。被毛粗乱、稀疏、缺乏光泽、褪色，由深变浅，眼眶周围被毛变成白色，犹如戴上了眼镜。神经机能紊乱及繁殖力下降。犊牛生长发育缓慢，关节变形，运动障碍，持续腹泻，排黄绿色乃至黑色水样粪便(俗称泥炭泻)。铜制剂治疗明显。

锰缺乏症：新生犊牛腿部畸形，球关节着地，跗关节肿大与腿部扭曲，运动失调。生长期牛生长发育受阻，被毛干燥、无光泽、褪色，腿短而弯曲，跗关节肿大，关节疼痛，强迫运动呈跳跃式或兔蹦姿势。成年牛繁殖力降低。

风湿病：往往由风、寒、湿引起，体温升高，发病部位热、痛，肌肉僵硬，运动后跛行症状减轻或消失。

蹄叶炎：患蹄壁增温、疼痛，敲打蹄尖，疼痛反应明显。站立时蹄踵负重，蹄尖翘起，行走时呈紧张步样，病久呈芜蹄。

腐蹄病：蹄间皮肤发炎，红、肿、热、痛。炎症可波及蹄球及蹄冠，严重时发生化脓、溃疡、腐烂，有恶臭脓性液体，甚至造成蹄匣脱落。

二维码 1-2 铜缺乏症病牛脱毛和毛色素改变，呈戴眼镜样外观

表现皮肤病变的牛病

1. 表现皮肤病变的牛病

主要有疥螨病、皮肤霉菌病、湿疹、感光过敏、牛皮蝇蛆病。

疥螨病：由于疥螨侵袭所致，痛痒显著，病变部刮取物镜检时，可发现疥螨虫体。

皮肤霉菌病：犊牛最常发病，常发生于头(眼眶、口角、面部)、颈和肛门等处，不侵害四肢下端，以痂癣为多。患部初发生豌豆大小的结节，上覆盖着鳞屑，逐渐发展为界限明显、扁平隆起的无毛圆斑，形成灰白色石棉状痂块，可达手掌大小，严重时全身融合成大片。不论早期或晚期均有剧痒和触痛，消瘦，贫血。

湿疹：牛湿疹的发病部位在乳房、股内侧皮肤、颈部、背腰部、后肢、尾根等处，发病部位往往具有对称性，病变部出现红斑、丘疹、水疱、脓疱、糜烂、结痂、鳞屑等，且有瘙痒。病变部不能检出螨虫或真菌。

感光过敏：又称光敏性皮炎，皮肤病变多局限在无色素、无毛及阳光能够直接照射到的部位。病变部和健康皮肤分界明显，病区水肿、红斑、水疱、渗液和皮肤坏死，随之出现溃疡、结痂和皮革样坏死区的腐脱。

牛皮蝇蛆病：幼虫在背部皮下时，引起局部皮肤发痒，出现不安和疼痛，背部皮肤下可触诊到隆起，上有小孔，内含幼虫，用力挤压，可挤出虫体。

2. 伴有被毛异常或皮肤异常，发病缓慢，病程较长，严重影响生长发育的牛病

主要有锌缺乏症、铜缺乏症、碘缺乏症、钴缺乏症、锰缺乏症。

锌缺乏症：犊牛皮肤角化不全或角化过度，在鼻镜、颈部、外阴、肛门、尾端、后肢的后部、膝皱褶部最明显，皮肤粗糙、变厚并多褶，趾间皮肤增厚，甚至皲裂，被毛变脆，易脱落。生长发育受阻，四肢关节肿大，步态僵硬。母牛繁殖力降低。

铜缺乏症：被毛粗乱、稀疏、缺乏光泽、褪色，由深变浅，眼眶周围被毛变成白色，犹如戴上了眼镜。食欲减退，消瘦，贫血，异嗜，生长发育缓慢，运动障碍，步态强拘，关节硬性肿大，屈腱挛缩。神经机能紊乱及繁殖力下降。犊牛生长发育缓慢，关节变形，运动障碍，持续腹泻，排黄绿色乃至黑色水样粪便(俗称泥炭泻)。铜制剂治疗明显。

碘缺乏症：被毛脆弱，皮肤干燥、角化、多皱褶，弹性差，甲状腺明显肿大，生长发育受阻，头骨和四肢骨发育不全而变形，发生黏液性水肿，繁殖力降低。新生犊牛全身或部分脱毛，衰弱无力，骨骼发育不全，皮肤干燥、增厚且粗糙。用碘制剂治疗有效。

钴缺乏症：牛毛质脆而易折断，慢性进行性消瘦及贫血，流泪，食欲减退的同时出现异食癖。泌乳牛泌乳量减少，发情周期延长或不妊娠，妊娠牛流产或产弱仔、死胎。用硫酸钴、维生素 B_{12} 制剂治疗有效。

锰缺乏症：生长发育受阻，被毛干燥、无光泽、褪色，腿短而弯曲，跗关节肿大，关节疼痛，麻痹，共济失调，强迫运动呈跳跃式或兔蹦姿势。新生犊牛腿部畸形，球关节着地，跗关节肿大与腿部扭曲，运动失调。成年牛繁殖力降低。

【考核评价】

酮病实验室诊断技术

一、考核题目

张掖前进牧业廖泉牛场一头经产第 3 胎母牛，日产奶量 30 kg 左右，产后 16 d 发病。临床检查：病牛精神沉郁，食欲减退，仅采食少量的干草，拒食精料；体温 38.1℃，脉搏 83 次/min，呼吸 24 次/min，反刍无力、短促，瘤胃蠕动力量减弱，皮肤弹性降低，被毛粗乱，泌乳量降低，乳汁易形成泡沫。兽医工作人员初步诊断为奶牛酮病，请用所学到的实验室诊断技术予以检测分析。

二、考核标准

[材料、设备与方法]

1. 郎(Lange)氏法

(1)原理　丙酮或乙酰乙酸与亚硝基铁氰化钠作用后，再与氨液接触可产生紫红色化合物。冰醋酸可抑制肌酐产生类似的反应。

(2)试剂　亚硝基铁氰化钠、冰醋酸、浓氨水(28%)。

(3)方法　取被检尿约 2 mL 于小试管内，加入亚硝基铁氰化钠结晶数小粒，振荡使其溶解，再加冰醋酸 0.2 mL(3～4 滴)，混匀后，将试管倾斜，沿管壁缓缓加入浓氨水 0.5～1 mL。

(4)结果判定　在两液交界处呈现紫红色环即为阳性。根据颜色产生的时间，可作粗定量判断：立即出现深紫红色环(+++)、逐渐出现紫红色环(++)、10 min 内出现淡紫色环(+)、10 min 后不显色(－)。

2. 改良罗特拉(Rothera)氏法

(1)原理　丙酮和乙酰乙酸在一定的 pH 环境中，与亚硝基铁氰化钠及硫酸铵作用，形成紫色化合物。

(2)试剂　亚硝基铁氰化钠 0.5 g、无水碳酸钠 10 g、硫酸铵 20 g。

将上述 3 种药物研磨均匀(不宜太细)，贮于棕色瓶中备用。若放置过久变黄，说明失效。

(3)方法　取粉剂约0.1 g于载玻片上或反应盘内，加新鲜尿2～3滴使粉剂完全被尿液浸透。

(4)结果判定　粉剂呈紫红色为阳性反应，5 min后仍不显色者为阴性。根据显色快慢与色泽深浅亦可用符号(＋ → ＋＋＋)表示。

［注意事项］

尿液采集后立即送检或冷藏，否则，在室温中放置过久，其中的丙酮会自行挥发，影响检验结果。

【知识链接】

营养代谢病的发病特点与控制

营养代谢性疾病是营养性疾病和代谢性疾病的总称。前者是由于动物所需的营养物质如碳水化合物、脂肪、蛋白质、维生素和矿物质的缺乏或过多所致的疾病；后者是因机体内的一个或多个代谢过程异常，导致机体内环境紊乱而引起的疾病。营养代谢性疾病包括糖、脂肪和蛋白质代谢障碍，矿物质和水、盐代谢紊乱，维生素缺乏症或过多症及微量元素缺乏症或过多症等四个主要部分。

随着养殖业不断地向规模化发展和结构的调整，饲养管理方式的改变，群发性动物营养代谢病日趋严重，严重影响动物健康，造成了十分严重的经济损失，特别是亚临床型营养代谢病所致的生长发育迟缓和生产性能的降低是造成经济损失的主要原因。

了解营养代谢病的病因，发病规律和防治方法，对这类疾病的检测预报、早期诊断、预防、治疗和降低经济损失均具有十分重要的意义。

一、营养代谢病的发病特点

营养代谢病种类繁多，病因复杂，但在它们的发生、发展和临床经过等方面也有其自身的特点。

(1)发病缓慢，病程一般较长。从病因作用到呈现临床症状一般都需要数周、数月甚至更长时间，有的可能长期不出现明显临床症状而成为隐性型。

(2)发病率高，多为群发。随着饲养业的高速发展和生产方式的高度集约化，营养代谢病已经成为重要的群发病，经济损失严重。许多营养代谢病在一个养殖场或某一地区大群发生，不同动物品种均有发病，症状基本相似或相同。

(3)发病与生理阶段和生长性能有关。某些营养代谢病发生在不同的生理阶段，处于妊娠或泌乳期特别是高产的奶牛及其犊牛易发营养代谢病，舍饲时易发，如奶牛酮病、产后瘫痪、卧地不起综合征、佝偻病、母牛产后血红蛋白尿症等。

(4)有些营养代谢病的发生呈地方性流行。营养代谢病多发生于营养物质缺乏地区，呈地方性流行，同时具有群发性特点。因动物营养的来源主要来自于植物性饲料及部分动物性饲料，而植物性饲料中微量元素的含量与其生长的土壤和水源中的含量有着密切的关系，如动物的硒缺乏症、碘缺乏症、慢性氟中毒等都具有地方流行性。但也应该注意，随着工厂化饲养的发展和交通运输的发达，畜禽的饲料来源有了很大的变化。

(5)无传染性。虽然营养代谢病在养殖场或一定区域内大批发病，但是没有传染性。

(6)发病动物体温一般变化不大，有继发和并发其他疾病的例外。

(7)对于营养物质缺乏症和过多症来说，缺乏症时补充一种或多种营养物质或元素，过多症时减少某一营养物质或元素的供给，对本病有显著的预防和治疗作用。

(8)某些代谢病的发生与遗传因素有关。更赛牛更容易发生酮病，娟姗牛生产瘫痪的发病率明显高于其他品种的牛。

(9)临床症状虽然表面多样化，但是缺乏特征症状，早期诊断困难。多数营养代谢病缺乏特征的临床症状，主要表现精神沉郁，食欲下降，消化障碍，生长发育缓慢，贫血，异嗜，生产性能下降，生殖机能紊乱等，发病动物无继发感染时体温一般变化不明显。但有些营养代谢病具有特定的症状和病理变化。如禽痛风时，发生高尿酸血症，在关节囊、关节软骨周围和内脏器官中有尿酸盐沉积。

营养代谢病容易与一般的营养不良、寄生虫病或中毒病相混淆。营养代谢病大多在发病初期不显特征临床症状，加之诊断条件的限制，不易做出正确诊断或鉴别诊断。一般说来，营养不良可引起动物的免疫力下降，容易导致传染病的发生，从而使病程加长和致死率升高；而传染病的发生反过来又进一步引起食欲下降和营养不良，使动物营养与免疫和抗病能力的关系变得十分复杂，诊断变得更加困难。某些营养代谢病待症状明显时，诊断虽较容易，但治疗和预防效果往往不理想。因此，营养代谢病的诊断，除病史、饲养管理和日粮组成的调查外，还须结合发病特点、症状、病理变化与生理生化指标测定等进行全面综合的分析，方能做出正确的诊断，并为防治提供依据。

二、营养代谢病的控制

(1)加强饲养管理。随着奶牛饲养规模的不断扩大，奶牛营养代谢病的发病率有增高的趋势，在日常的饲养管理中应该保证供给全价日粮，根据犊牛、育成牛、成母牛不同的生理阶段和成母牛的泌乳盛期、中期、后期、干奶期、围产期不同阶段，及时、准确、合理调整日粮结构，按照其饲养标准配给全价日粮。这是保证奶牛健康、稳产、高产、提高利用年限和防制营养代谢性疾病的物质基础和关键。

(2)采取综合防治措施。如果是区域性矿物质、微量元素代谢障碍性疾病，可通过改良土壤、植物喷洒、更换饲料、日粮中添加矿物质、微量元素等方法提高饲料中相关元素的含量。

(3)进行营养代谢病的检测。定期对牛群进行抽样调查，了解营养代谢病的动向，正确估计或预测营养需要，做到早期诊断，早期预防和治疗。

二维码 1-3 营养代谢病与检测项目

(4)加强优质品种奶牛的培育工作，加大营养代谢病方面研究的科研投入，深入研究营养代谢病发病的原因、发病机理等，从品种培育、饲养管理、防治方法等各方面降低营养代谢病所造成的经济损失。

Project 2

消化系统疾病

学习目标

(1)了解消化系统疾病的一般发病规律，熟悉常用诊疗方法及药物。

(2)了解口炎、食道阻塞、前胃弛缓、瘤胃积食、瘤胃臌气、瘤胃酸中毒、创伤性网胃腹膜炎、瓣胃阻塞、皱胃炎、皱胃阻塞、皱胃变位、胃肠炎、犊牛消化不良等的概念、病因，掌握其症状、诊断、治疗及预防。

【学习内容】

任务七 口炎

口炎是口腔黏膜炎症的总称。临床上以口腔黏膜的红、肿、热、痛，甚至糜烂、溃疡、出血和坏死，以及厌食、流涎、口臭等为特征。按炎症的性质分为卡他性、水疱性和溃疡性口炎，以卡他性口炎较多见。

[**病因**]

1.原发性口炎

主要由于口腔黏膜遭受机械性、理化性等因素刺激，损伤口腔黏膜而引起。

(1)机械性因素　采食粗糙、干硬、有芒刺或刚毛的饲草，如出穗成熟的大麦、狗尾草、甘蔗、毛尖叶等，或者饲草中混有铁丝、木片、玻璃、鱼刺等尖锐异物；不正确地使用口衔、开口器或锐齿直接损伤口腔黏膜等。

(2)化学性因素　不适当地灌服高浓度刺激性强或腐蚀性药物(如水合氯醛、稀盐酸等)，或长期服用汞、砷、碘制剂；采食霉败饲料、有毒植物或带有锈病菌、黑穗病菌的饲料、发芽的马铃薯等。

(3)物理性因素　采食冰冻饲料，抢食温度过高的饲料或灌服温度过高的药液。

此外，当受寒或过劳，机体防卫机能降低时，可因口腔内的条件性病原菌，如链球菌、葡萄球菌等的侵害而引起口炎。

2.继发性口炎

常继发或伴发于邻近器官的炎症，如咽炎、唾液腺炎等；消化器官疾病的经过中，如急性胃卡他、肝炎；营养代谢性疾病，如核黄素、抗坏血酸、维生素 A、锌等缺乏症、贫血、佝偻病等；中毒性疾病，如汞、铜、铅中毒等；传染性疾病，如口蹄疫、传染性水疱性口炎、牛恶性卡他热、牛流行热、蓝舌病、放线菌病等。

[**症状**]

任何一种类型的口炎，都具有采食和咀嚼缓慢甚至不敢咀嚼，拒食粗硬饲料，常吐出混有黏沫的草团；流涎，口角附着白色泡沫；口腔黏膜潮红、肿胀、疼痛、口温增高、带臭味等共同症状。每种类型的口炎还有其特有的临床症状。

1.卡他性口炎

口腔黏膜潮红，硬腭肿胀。唇部黏膜的黏液腺阻塞时，则有散在的小结节和烂斑；由植物芒刺或刚毛所致的病例，在口腔内形成大小不等的丘疹，顶端呈针头大的黑点，触之坚实、敏感。重症病例，唇、齿龈、颊部、腭部黏膜肿胀甚至发生糜烂，大量流涎(图 2-1)。

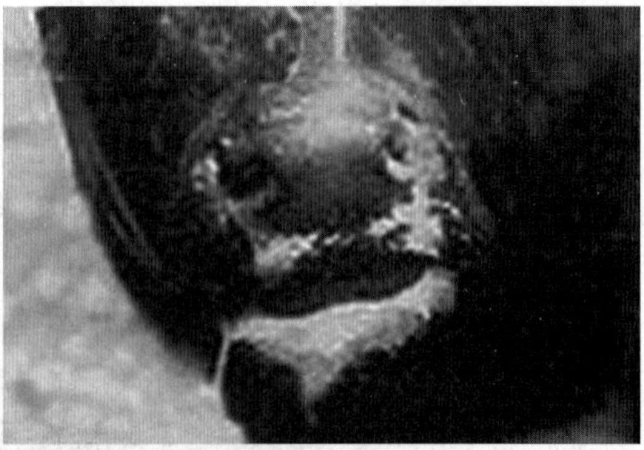

图 2-1　牛卡他性口炎，流出泡沫样液体

2. 水疱性口炎

在唇部、颊部、腭部、齿龈、舌面的黏膜上有散在或密集的粟粒大至蚕豆大的透明水疱，2～4 d后水疱破溃形成边缘不整齐的鲜红色烂斑，间或有轻微的体温升高。

3. 溃疡性口炎

口腔黏膜发生糜烂、坏死或溃疡，流涎，混有血液，口腔气味恶臭。随时间延长，病变部位溃疡面覆盖暗褐色痂样物，揭去痂样物时，溃疡面为暗红色。病重者，体温升高。

［**诊断**］

原发性口炎，根据病史和口腔黏膜炎症变化，即可做出诊断。

［**治疗**］

治疗原则为消除病因，加强护理，净化口腔，收敛和消炎。

1. 消除病因，加强饲养管理

消除各种刺激性病因，如摘除刺入口腔黏膜中的麦芒、异物等，剪断并锉平过长齿等。口腔发炎时一般都采食困难，故应禁止饲喂粗硬饲料，应给予柔软易消化的青绿饲料、优质的青干草和麸皮粥等。对于不能采食或咀嚼的病牛，应及时输液补糖，或者经胃导管投服流质食物。

2. 净化口腔，消炎、收敛

可用1%～2%食盐水、0.1%高锰酸钾溶液、0.1%新洁尔灭溶液、2%～3%硼酸溶液清洗口腔，3～4 次/d。然后涂碘甘油或龙胆紫、金霉素鱼肝油等。

流涎较多时，可用1%明矾溶液、1%鞣酸溶液冲洗口腔。

口腔黏膜上的烂斑和溃疡，先用消毒液冲洗，必要时涂擦10%硝酸银溶液，再用生理盐水充分洗涤，再涂布碘酊甘油或1%磺胺甘油乳剂。重剧口炎还应同时使用抗生素或磺胺类药物进行全身抑菌消炎。

对传染性口炎，重点治疗原发病，及时隔离，严格检疫。

中兽医称口炎为口舌生疮，治以清火消炎，消肿止痛为主，宜用青黛散：青黛 15 g，黄连 10 g，黄柏 10 g，儿茶 10 g，桔梗 10 g，薄荷 6 g，研细末后装入布袋内，在水中浸湿后，衔于病牛口内，饲喂时取下，1 次/d。也可在蜂蜜内加冰片和复方新诺明各 5 g，含于口内。

［**预防**］

首先应加强饲养管理，注意饲料质量，对饲料进行合理调配，避免饲喂发霉变质的、冰冻的饲草饲料，防止尖锐异物、有毒植物混入饲料内。经口投服腐蚀性或刺激性大的药物时，一定要注意避免浓度过大。应定期检查口腔，及时修整牙齿，正确使用口衔和开口器等。

任务八　食道阻塞

食道阻塞，又称食道梗阻，俗称草噎，是由于食道被食物团块或异物阻塞的一种疾病。临床上以采食过程中突然发病，流涎，痛苦不安和咽下障碍为特征。按阻塞程度分为完全食道阻塞与不完全食道阻塞；按阻塞部位可分为颈部食道阻塞、胸部食道阻塞和腹部食道阻塞。

［**病因**］

过度饥饿后贪食，采食过急，咀嚼不充分而急于吞咽，是食道阻塞发生的主要原因。牛常因吞食甘薯、马铃薯、胡萝卜、萝卜、玉米棒、甜菜和大块饼类等不经仔细咀嚼即行咽下引起。特别是在采食过程中突然受到惊扰，匆忙吞咽，更易引起食道阻塞。

继发性食道阻塞常继发于食道炎、食道狭窄、食道痉挛等疾病。也有因全身麻醉，食管功能没有完全恢复即进食，从而发生食道阻塞的。

［**症状**］

采食中突然发病，停止采食，恐惧不安，头颈伸直，张口伸舌，大量流涎，并不断地做吞咽动作，常伴有咳嗽。颈部食道阻塞，外部触诊可摸到阻塞物，并引起患牛的疼痛反应；胸部食道阻塞时，因阻塞部位上方的食道内积聚唾液，触诊有波动感并引起哽咽运动，低头时有大量唾液流出。用胃管食道探诊时，胃管插至阻塞部时，感到阻力，不能前进。

完全食道阻塞时，可由于嗳气障碍而引起急性瘤胃臌气，病牛呼吸困难，可于几个小时之内因窒息而导致死亡。

X 射线检查：在完全食道阻塞时，阻塞部呈块状阴影。

食道造影检查：显示钡剂到达该处则不能通过。

［**诊断**］

根据病史和在采食过程中突然发病，惊恐不安，大量流涎，呈现吞咽动作等症状，并结合食道外部触诊、胃管探诊、X 射线检查等即可确诊。但要注意与下列疾病鉴别。

1. 食道狭窄

呈慢性经过，饮水及液状食物能通过食道。食道探诊时，粗胃管不能通过狭窄部，而细的胃管则能通过。

2. 食道炎

呈疼痛性咽下障碍，当食道探诊时，病牛剧烈骚动，疼痛不安。

3. 食道痉挛

阵发性或一过性发作，当病情发作时，触诊食道如硬索状，胃管探诊时胃管无法通过，用水合氯醛等解痉剂，食道痉挛缓解后，则胃管可自由通过。

4. 食道麻痹

胃管探诊时胃管插入无阻力，可顺利通过食道。

［**治疗**］

治疗原则是解除阻塞，疏通食管，消除炎症，加强护理和预防并发症的发生。

当因食道阻塞而引起急性瘤胃臌气时，应先进行瘤胃穿刺放气，然后再去除食道内阻塞物。在一般情况下，先用 5% 水合氯醛酒精溶液 200～300 mL，静脉注射，或选用其他肌松药物，使食道壁弛缓，然后选用下列方法：

1. 掏取法

咽后食管起始部阻塞时，给牛装上开口器后，将牛头和开口器固定牢靠，一人从牛颈外部两侧将阻塞物尽量推到咽喉部位固定住，另一人手伸到咽喉部位食道内可取出阻塞物（图 2-2）。或用一长镊子从口腔进入，然后夹出。

2. 推送法

又称疏导法，主要用于胸部、腹部食道阻塞。先在食管内灌入植物油或液体石蜡 50～100 mL、1%盐酸普鲁卡因 10～20 mL，再将胃管送入食管内抵住阻塞物，缓缓地把阻塞物推入胃中。推送时每次推动 2～3 cm，将胃管适当向外拨出，再向内推送，以免阻塞物滚动导致胃管前端方向改变使食道破裂。若胃管过软，可于胃管内适当夹入硬物，如钢筋、细的胃管等。或在胃管的末端接上打气管，然后适量打气，并乘势推进胃管，直至将阻塞物推入胃中。打气时，不能打气过多和推送过猛，以免造成食管破裂。

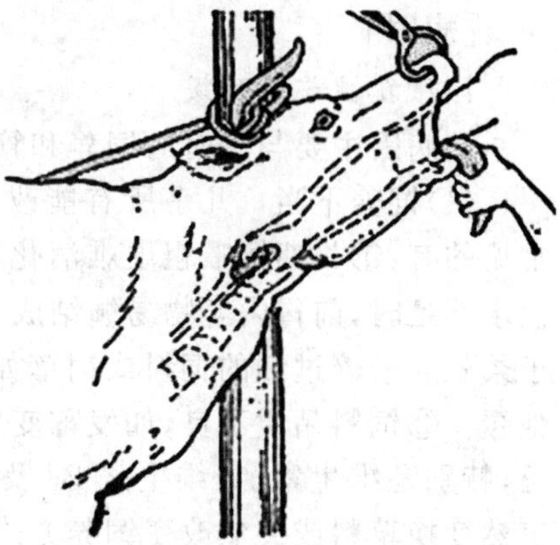

图 2-2 掏取法治疗食道阻塞

3. 冲洗法

当阻塞物为颗粒状或粉状饲料时，多较易处理，可用胃导管插入食道，先导出其中的唾液，再注入适量的温水，反复泵吸或虹吸，把阻塞物溶化洗出，或者将阻塞物冲下。也可先导出食道中的唾液，再灌入一定量的油类泻剂及少量温水，使其自行软化，润下以达到治疗的目的。

4. 捶打法

多用于颈部食道阻塞，阻塞物多为脆性易碎物，如新鲜的马铃薯、红薯、苹果等物，将牛右侧横卧保定好，固定食道阻塞物，在阻塞物之下放一平坦木板，然后用平顶锤准确而有力地将阻塞物砸碎，或将阻塞物部位垫上棉花、布片等物，然后将其砸碎即可。

如经上述方法治疗无效，则采用手术治疗，切开食道，取出阻塞物。

食道疏通后应及时治疗食道炎，给予柔软的饲草，适当喂给粥状的饲料。病程较长的，应及时强心、补液，维持机体营养。

[**预防**]

加强饲养管理，饲喂要定时定量，勿使牛只过度饥饿，防止偷食或骤然采食。合理调制饲料，如豆饼要泡软，块根类饲料要适当切碎等。全身麻醉手术后，在食管机能尚未完全恢复前应禁食，以防本病的发生。

任务九　前胃弛缓

前胃弛缓，中兽医称脾虚慢草，是由于前胃神经兴奋性降低，肌肉收缩力减弱，菌群失调，瘤胃内容物运转迟滞，产生大量腐败发酵的物质，引起消化机能障碍和全身机能紊乱的一种疾病。临床上以食欲减退、反刍障碍，前胃平滑肌蠕动减弱乃至停止为特征，严重时伴发全身机能紊乱。

前胃弛缓按其病情发展过程可以分为急性前胃弛缓和慢性前胃弛缓；按病因可分为原发性前胃弛缓和继发性前胃弛缓，原发性前胃弛缓也叫单纯性消化不良，多取急性经过，预后良好；继发性前胃弛缓又称为症状性消化不良，多取亚急性或慢性经过，可出现于各系统和各类疾病的病程中，病情复杂。本病是消化系统疾病的多发病，多发生在舍饲的牛、老龄牛。

［**病因**］

1.原发性前胃弛缓

其病因主要与平时的饲养和管理不当有关。

(1)饲养不当　几乎所有能改变瘤胃内环境的食物性因素均可引起原发性前胃弛缓。常见的有:①长期饲喂粗硬难消化饲料,如稻草、麦糠、豆秸、秕壳等,强烈刺激胃壁,尤其在饮水不足时,前胃内容物易缠结成不易移动的团块,影响瘤胃的消化活动;反之,长期饲喂过于柔软或粉碎过细的饲料或饲草如麸皮、细碎的精料等,对胃黏膜的刺激不足,易引起前胃弛缓。②饲料品质不良,如发霉变质、冰冻或混有泥沙的饲料。③日粮中矿物质和维生素缺乏,特别是维生素 A、维生素 B_1 及钙缺乏时,易引起单纯性消化不良。④饲养程序紊乱,如突然变换草料或突然改变饲养方式,饲喂不定时、不定量,时饥时饱等。

(2)管理不当　过度劳役、长期休闲、运动不足等;圈舍卫生不良、阴暗、潮湿、过度拥挤或缺乏光照等;误食塑料袋、化纤布,或分娩后的母牛食入胎衣等,均可导致本病的发生。

(3)应激因素　由于严寒、酷暑、饥饿、疲劳、分娩、离群、断乳、调换圈舍、更换饲养员、恐惧、感染与中毒等因素刺激或手术、创伤、剧烈疼痛的影响,引起应激反应而发生前胃弛缓。

2.继发性前胃弛缓

常继发于消化系统疾病、营养代谢性疾病、热性病、传染病、寄生虫病和中毒性疾病等,如口炎、牙齿疾病、咽炎、瘤胃臌气、瘤胃积食、创伤性网胃腹膜炎、瓣胃阻塞、皱胃阻塞、肠便秘、骨软症、酮血病、生产瘫痪、乳房炎、子宫内膜炎、牛流行热、结核病、布氏杆菌病、肝片吸虫病、前后盘吸虫病、锥虫病等。此外,在兽医临床上治疗用药不当,如长期大量应用磺胺类和抗生素等抗菌药物,瘤胃内菌群共生关系受到破坏,因而发生消化不良,呈现前胃弛缓。

［**症状**］

前胃弛缓按其病情发展过程可以分为急性和慢性两种类型。

1.急性前胃弛缓

多见于急性热性病或感染性疾病的过程中,表现为急剧的应激状态和消化不良,食欲、饮欲减退或废绝,反刍减少、短促、无力,时而嗳气并带酸臭味。瘤胃收缩力减弱,蠕动音减弱,蠕动次数减少(正常牛瘤胃蠕动次数 3～5 次/2 min),或每次蠕动的持续时间缩短。触诊瘤胃,其内容物充满、黏硬呈生面团样或稀软呈粥状;瓣胃蠕动音减弱。病初粪便无大变化,以后逐渐变为干硬,色暗,被覆黏液。体温、呼吸、脉搏一般无明显异常。

少数病例,伴发前胃炎或酸中毒时,病情急剧恶化,精神沉郁,食欲废绝,磨牙,呻吟,反刍、嗳气停止,粪便呈糊状、棕褐色,气味恶臭。皮温不整,体温下降,鼻镜干燥,眼球下陷,心率加快,黏膜发绀,呼吸困难。

2.慢性前胃弛缓

多由急性型前胃弛缓转变而来,其症状与急性前胃弛缓类似,病程长,病情弛张,时好时坏,日渐消瘦,体质虚弱,被毛干枯无光泽,皮肤弹性减退。多数病牛食欲不定,常发生异嗜,舔砖吃土,或者吃褥草、污物等。反刍不规则,短促、无力或停止,嗳气减少,嗳出气体酸臭。瘤胃蠕动音减弱或消失,内容物黏硬或稀软,常出现慢性瘤胃臌胀。病的后期常伴发瓣胃阻塞,精神沉郁,鼻镜龟裂,食欲、反刍停止,瓣胃蠕动音消失。病重时,呈现贫血与衰竭,常导致死亡。

［**诊断**］

根据病史和食欲减退,反刍障碍,前胃蠕动减弱,消化机能障碍,体温、脉搏、呼吸等生命指标无大的变化等即可做出初步诊断。诊断时，要注意确定是原发性前胃弛缓还是继发性前胃弛缓。

通过检测瘤胃内容物 pH 的变化或瘤胃液中纤毛虫数量、活力可为诊断和治疗提供依据。健康牛瘤胃液 pH 为 6.5～7.5，前胃弛缓时，pH 下降至 5.5 或更低，也有少数病例 pH 升至 8.0 或更高。瘤胃液 pH 的变化直接影响到其中纤毛虫的存活率和菌群共生关系，健康黄牛的瘤胃液中，纤毛虫数量一般为 13.9 万～114.6 万/mL，在前胃弛缓发病过程中，瘤胃内纤毛虫数量减少，活力下降，严重时，瘤胃内纤毛虫数甚至下降到 5 万/mL 左右。

［**治疗**］

治疗原则是：去除病因，加强饲养管理，恢复前胃的运动功能，制止腐败发酵，改善瘤胃内环境，恢复正常的微生物区系，防止脱水和自体中毒。

1. 除去病因，加强饲养管理

立即停喂发霉、变质饲料；病初，视瘤胃内容物的多少而禁食 1～2 d，给予充足的清洁饮水，以后给予适量的易消化的富有营养的饲料，如青草、优质干草等，适当运动。轻症病例可在 1～2 d 自愈。

2. 恢复前胃运动机能

应用“促反刍液”(10％氯化钠注射液 300～500 mL、20％安钠咖注射液 10 mL、10％的氯化钙注射液 100～150 mL)，一次静脉注射，效果良好，特别是对由于血钙水平降低引起的前胃弛缓效果更好。此外还可皮下注射新斯的明(10～20 mg)、毛果芸香碱(30～100 mg)、氨甲酰胆碱(3～5 mg)等。须注意，本类药物对胃肠平滑肌有较强的兴奋作用，但对于病情重剧和心脏衰弱以及老龄和妊娠母牛，禁止应用此类药物，以防虚脱或流产。

3. 制止腐败发酵

可用硫酸镁(或硫酸钠)500 g，鱼石脂 20 g，75％酒精 100 mL，加水，混合溶解后一次内服。

4. 改善瘤胃内环境，恢复正常的微生物区系

当瘤胃内容物 pH 降低，为改善瘤胃内环境，调节瘤胃内容物 pH，恢复正常微生物区系，可应用缓冲剂，氢氧化镁(氢氧化铝)200～300 g，碳酸氢钠 50 g，加常水适量，一次内服；当瘤胃内容物 pH 升高，宜用稀醋酸(30～100 mL)或食醋(300～1 000 mL)，加常水适量，一次内服。

必要时，可先对病牛洗胃，再投服健康牛反刍食团或灌服健康牛瘤胃液 4～8 L，效果良好。

5. 防止脱水和自体中毒

当病牛呈现轻度脱水和自体中毒时，应用 25％葡萄糖注射液 500～1 000 mL，40％乌洛托品注射液 20～50 mL，20％安钠咖注射液 10～20 mL，10％维生素 C 注射液 30 mL，静脉注射。

6. 中兽医治疗

中兽医称前胃弛缓为脾虚慢草，根据辨证施治原则，对脾胃虚弱、水草迟细，消化不良的牛，着重健脾和胃，补中益气，如加味四君子汤：党参 100 g，白术 75 g，茯苓 75 g，炙甘草 25 g，陈皮 40 g，黄芪 50 g，当归 50 g，大枣 200 g。共为末，开水冲调，候温灌服，1 剂/d，连服 2～3 剂。

此外，也可用红糖 250 g，生姜 200 g(捣碎)，胡椒粉 30 g，开水冲化，候温内服，具有健脾

和胃、温中散寒的功效。

[**预防**]

原发性前胃弛缓多因饲养管理不当引起，对前胃弛缓的预防要加强平时的饲养管理，牛的饲料供给和管理上一定要遵循科学的方式，注意饲料的选择、保管和调理，合理调配饲料，不饲喂霉败、冰冻饲料，禁饮不洁的饮水，不可突然变更饲料或任意加料。牛应有适当运动和日光照射，圈舍要保持清洁卫生和通风保暖。避免有害因素的刺激和干扰，尽量减少各种应激因素的影响，及时治疗容易诱发前胃弛缓的疾病，提高牛群的抗病能力。

任务十　瘤胃积食

瘤胃积食又称急性瘤胃扩张，中兽医称宿草不转或瘤胃食滞，是采食过量难以消化的粗硬饲料或容易臌胀的饲料，在瘤胃内蓄积，引起瘤胃扩张、容积增大，内容物停滞和阻塞，瘤胃运动和消化机能障碍，形成脱水和毒血症的一种严重疾病。临床特征是瘤胃体积增大且较坚硬。

本病是反刍动物常见的多发病之一，特别是舍饲牛更为常见。

[**病因**]

瘤胃积食的主要病因是过食。

多见于因饥饿采食了大量难以消化的饲料，如豆秸、山芋藤、老苜蓿、花生蔓、谷草、稻草、麦秸、甘薯蔓、棉秆等，缺乏饮水，难以消化，从而引起积食；或采食大量易于膨胀的饲料，又大量饮水，如玉米、小麦、大豆、豌豆及糟粕类饲料豆饼、花生饼、棉籽饼、酒糟等，导致瘤胃过度充满；或将品质差、适口性不好的饲料突然变换为品质好、适口性强的饲料时，致使采食量过多；也有因误食异物如塑料薄膜等而发生本病的。此外，过度紧张、运动不足、长途运输、过于肥胖或中毒与感染等因素，导致瘤胃运动机能降低也可引起瘤胃积食。

继发性瘤胃积食，常见于前胃弛缓、创伤性网胃腹膜炎、瓣胃阻塞、皱胃阻塞等疾病过程中。

[**发病机理**]

一般而言，瘤胃积食是在过食和前胃弛缓的基础上发生发展的。

当瘤胃内充满过量饲料时，由于胃壁受到压迫和刺激，反射地引起植物性神经机能发生紊乱，首先副交感神经兴奋，瘤胃蠕动增强，甚至导致痉挛性收缩，但很快转为抑制，瘤胃蠕动减弱甚至消失，大量饲料不能消化和后送，停滞在瘤胃内，瘤胃容积增大，胃壁扩张和麻痹。随病情发展，停滞于瘤胃的内容物发酵、腐败，产生大量有毒物质，刺激瘤胃黏膜，引起炎症和坏死，有毒物质吸收后引起自体中毒，使全身症状加重，同时，瘤胃内液渗透压增高，引起瘤胃积液，而造成机体脱水。

[**症状**]

常在饱食后数小时内发病，腹痛，神情不安，呻吟，常拱背站立，回顾腹部或后肢踢腹，间或不断起卧。反刍停止，食欲废绝，空嚼，磨牙，时有努责。腹部膨胀，左侧瘤胃上部饱满，中下部向外突出。排粪量减少，粪便干硬，色暗。

触诊瘤胃，内容物充满、坚实或黏硬，病牛不安；听诊瘤胃，瘤胃蠕动音减弱或消失。

直肠检查，可发现瘤胃扩张，容积增大，充满坚实的内容物，有的病例内容物呈粥状，但胃壁显著扩张。

重症后期，瘤胃积液，呼吸急促，脉搏加快，黏膜发绀，眼窝凹陷，呈现脱水及心力衰竭症状。病牛衰弱，卧地不起，陷于昏迷状态。

［**诊断**］

根据采食过多的病史及瘤胃内容物充满，左侧腹部下部膨大突出明显，触压坚实等临床特征可以确诊。

诊断时，应与前胃弛缓、急性瘤胃臌气、皱胃左方变位等疾病进行鉴别。

前胃弛缓：食欲减退，反刍减少，病情较缓，触诊瘤胃内容物较软，腹痛症状不明显，全身症状轻微。

急性瘤胃臌气：病情发展急剧，腹围显著膨大，尤以左肷窝部上部突出更为显著，瘤胃壁紧张而有弹性，叩诊呈鼓音，呼吸高度困难。

皱胃左方变位：左腹侧肷窝部增大不明显，而以左侧肋弓部突起明显，左肋部听诊有皱胃蠕动音。在左侧肋弓突起区域进行穿刺检查，穿刺液呈酸性反应（pH 为 1～4），棕褐色，缺乏纤毛虫，说明穿刺液是皱胃液，可做出明确诊断。

［**治疗**］

本病治疗原则主要是排除瘤胃内容物，恢复瘤胃运动机能，防止脱水和自体中毒。

病初绝食 1～2 d，多次少量饮水，待瘤胃内容物排除，且出现食欲、反刍时，逐渐给予柔软易消化的草料。如果采食大量易膨胀的饲料，则应限制饮水。

对轻症病例，可进行瘤胃按摩，每次 20～30 min，3～4 次/d，同时配合灌服活性酵母粉（250～500 g）并进行适当牵遛运动，效果更好。

中等程度的瘤胃积食，为了排除瘤胃内容物，可灌服泻剂或洗胃。常用硫酸钠（或硫酸镁）500～800 g，加水配成 5%～8%溶液，并加入鱼石脂 15～25 g，一次灌服。泻下时，由易膨胀饲料引起的瘤胃积食宜用油类泻剂，如液体石蜡或植物油 1 000～2 000 mL，一次内服。

恢复瘤胃运动机能，可用 10%氯化钠注射液 300～500 mL，5%氯化钙注射液 200～300 mL，20%安钠咖注射液 10 mL，一次静脉注射。也可以用氨甲酰胆碱（3～5 mg）、毛果芸香碱（30～100 mg）、新斯的明（10～20 mg）等皮下注射。但对于病情重剧和心脏衰弱以及老龄和妊娠母牛，禁止应用此类药物，以防虚脱或流产。

瘤胃内容物基本排除，食欲仍不好转时，可用健胃剂，如大蒜酊、陈皮酊、番木鳖酊等内服。

防止脱水与自体中毒，脱水时宜用 5%葡萄糖生理盐水注射液 2 000～3 000 mL，20%安钠咖注射液 10～20 mL，维生素 C 2～3 g，静脉注射，2 次/d；解除酸中毒，5%碳酸氢钠注射液 500～1 000 mL，静脉注射。

重症而顽固的瘤胃积食可行瘤胃切开术，排除积食，而后接种健康牛的瘤胃液。

中药治疗以健脾开胃，消食化积为主。可用山楂 100 g，麦芽 100 g，神曲 100 g，厚朴 40 g，枳实 40 g，大黄 60 g，芒硝 200 g（后下），牵牛子（炒）60 g，槟榔 50 g，郁李仁 60 g，共研细末，开水同调，候温灌服。

[**预防**]

本病的预防在于加强日常的饲养管理，防止突然变换饲料或过食；饲喂要定时定量，饲料搭配适当，不能随意加大精料喂量，粗硬的饲草饲料要适当加工后再喂；加强饲料保管，防止牛偷食；耕牛不要劳役过度，避免采食后立即使役或使役后立即饲喂，避免外界各种不良因素的刺激；加强运动，饮水应充足，及时治疗原发病。

任务十一　瘤胃臌气

瘤胃臌气又称瘤胃臌胀，中兽医称为气胀，是因为采食多量易于发酵的饲料，在瘤胃内异常酵解，迅速产生大量气体，引起瘤胃急剧膨胀的一种疾病。按病因可分为原发性和继发性瘤胃臌气；按病程可分急性与慢性瘤胃臌气；按气体的性质可分为泡沫性和非泡沫性瘤胃臌气。临床上以腹围急剧增大，反刍、嗳气障碍，呼吸极度困难为特征。本病多发生于夏季牧草生长旺盛的季节。

[**病因**]

原发性瘤胃臌气，主要原因是采食大量易发酵的饲料，通常多发生于牧草茂盛的夏季，特别是舍饲转为放牧的牛，更容易导致急性瘤胃臌气的发生。

采食开花前幼嫩多汁的牧草，如苜蓿、豌豆、紫云英、三叶草等，因采食过多，迅速发酵，产生大量气体而引起。

采食堆积发热的青绿饲料，或经霜、露、雨、雪、冰霜冻结的牧草以及发热霉败饲料，或含淀粉高的谷物饲料或块根饲料等，如玉米粉、小麦粉、马铃薯、甘薯、胡萝卜等。

此外，舍饲的长期饲喂干草的牛，突然改喂青草，采食过多；饲料调配不当，如谷物饲料过多，而粗饲料不足，或给予豆饼等未经浸泡和调理等都可引起瘤胃臌气。

继发性瘤胃臌气，通常由于瘤胃内生理性或病理性产生的气体，向外排出受阻而引起，常继发于食道阻塞、前胃弛缓、创伤性网胃炎、瓣胃阻塞等疾病过程中。

[**症状**]

急性瘤胃臌气，常在采食易发酵的饲草饲料后不久或在采食过程中发病。腹部迅速臌胀，特别是左肷窝凸起明显，严重者高过背中线，按压腹壁紧张而有弹性，叩诊呈鼓音；瘤胃蠕动音初期增强，常伴发金属音，后期减弱或消失。食欲废绝，反刍和嗳气停止，病牛腹痛不安，呻吟，不断回头顾腹，或后肢踢腹。

由于腹内压急剧增高，病牛呼吸困难，呼吸急促而有力，甚至头颈伸展，张口呼吸，呼吸数增至 60 次/min 以上；心悸，脉搏数增快，可达 100 次/min 以上。

泡沫性臌气，常有泡沫状唾液从口腔逆出，胃管检查，仅排出少量泡沫性气体，而不能解除臌胀；非泡沫性瘤胃臌气，胃管检查，从胃管内排出大量酸臭的气体，臌胀明显减轻。

病的后期，心力衰竭，静脉怒张，结膜发绀；目光恐惧，眼球凸出，出汗，站立不稳，甚至突然倒地，痉挛，抽搐，最终因窒息和心脏麻痹而死亡。

慢性瘤胃臌气，多为继发性瘤胃臌气，病情弛张，发生发展缓慢，呈轻度间歇性瘤胃臌气，常在采食或饮水后发作，通常为非泡沫性臌气，病牛呈慢性前胃弛缓症状。

［**诊断**］

原发性瘤胃臌气，病情急剧，采食大量易发酵的饲料后发病，腹部膨胀，左肷窝凸出，按压瘤胃紧张有弹性，叩诊呈鼓音，呼吸极度困难等即可确诊。继发性瘤胃臌气的特征为周期性的或间隔时间不规则的反复臌气，故诊断并不难，但病因不易确定，必须进行详细的临床检查，方可做出诊断。

瘤胃穿刺时，泡沫性臌气，只能断断续续地从套管针内排出少量带泡沫的气体，针孔常被堵塞而排气困难；非泡沫性臌气，则排气顺畅，腹胀明显减轻。

投送胃管，也是区别泡沫性臌气和非泡沫性臌气的有效方法。

［**治疗**］

本病病情发展急剧，治疗贵在及时，采取有效的紧急措施，排气消胀，方能抢救病牛。因此治疗原则是：排气减压，止酵消沫，清肠健胃，恢复瘤胃蠕动，强心补液。

排除瘤胃内气体。病情轻的病例，让病牛取前高后低、抬头姿势，不断牵引其舌或在木棒上涂煤油或松馏油等，横衔于口中，用绳拴在角根后部固定，使之不断咀嚼，促进嗳气。

对瘤胃膨胀严重，腹围显著膨大，呼吸高度困难的病牛，要立即进行胃管放气或瘤胃穿刺放气急救。瘤胃穿刺部位在左肷部的中央部，或隆起的最高点处，使用套管针或注射针头穿刺瘤胃放气（图 2-3）。放气不宜过快，以防发生脑贫血。

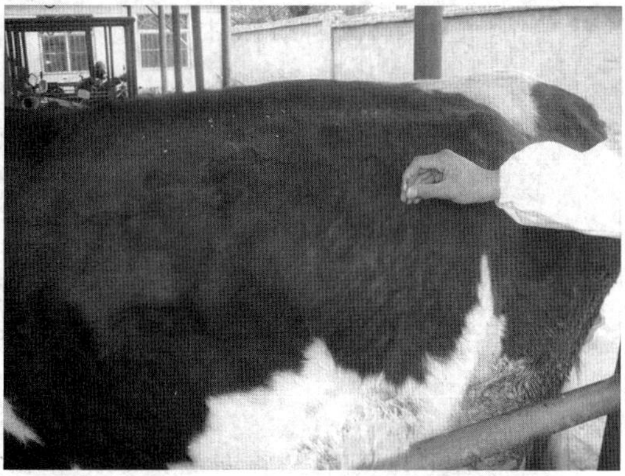

图 2-3　牛瘤胃穿刺放气

止酵可用鱼石脂 15～25 g，95% 酒精 100 mL，常水 1 000 mL，一次灌服或经胃导管或套管针注入瘤胃；也可用 10% 生石灰水 1 000～3 000 mL，或 8% 氧化镁溶液 600～1 500 mL，灌服。

泡沫性瘤胃臌气，以灭沫消胀为目的，宜用降低泡沫表面张力的药物，如二甲基硅油 2～4 g，或消胀片（每片含二甲基硅油 15 mg，氢氧化铝 40 mg）100～150 片，内服。或松节油 30～50 mL，鱼石脂 15～25 g，酒精 50～100 mL，配成合剂内服，能迅速奏效。或食用油 300～500 mL，松节油 30～40 mL，常水适量，一次灌服。

清肠健胃，硫酸镁或硫酸钠 300～500 g，加水成 5%～6% 的浓度，液体石蜡 500～1 000 mL，龙胆酊 50 mL，一次内服。

根据临床经验，无论哪种臌气，首先灌服液体石蜡 800～1 500 mL，可收到良好效果。此外，应注意调节瘤胃内容物的 pH，可用 2%～3% 碳酸氢钠溶液或石灰水洗胃或灌服。

恢复瘤胃蠕动，促进反刍和嗳气，可用新斯的明（或毛果芸香碱）等皮下注射。

此外，应注意全身机能状态，及时强心补液，进行对症治疗。

中兽医称瘤胃臌气为气胀病或肚胀，治以行气消胀，通便止痛为主，用消胀散：炒莱菔子 15 g，枳实 35 g，木香 35 g，青皮 35 g，小茴香 35 g，玉片 17 g，二丑 27 g，共为末，加清油 300～500 mL，大蒜 60 g（捣碎），水冲服。也可用木香顺气散：木香 30 g，厚朴 10 g，陈皮 10 g，枳壳

20 g，藿香 20 g，乌药 15 g，小茴香 15 g，青果（去皮）15 g，丁香 15 g，共为末，加清油 300～500 mL，水冲服。

此外，可同时配合针刺苏气、顺气、山根、脾俞等穴。

也可用如下验方：烟叶末 100 g，松节油 40～50 mL，液体石蜡 500 mL，常水 500 mL。同调内服，多在 30 min 左右见效。

［预防］

加强饲养管理，在有幼嫩豆科植物的草地放牧，时间不可过长，以防暴食；由舍饲转为放牧时，出牧前先喂一些干草后再放牧；对易于发酵的青绿饲料要限制饲喂量，或者先饲喂少量干草以减少青绿饲料摄入量，然后再饲喂青绿饲料；不喂或少喂雨、露、霜浸湿的牧草、堆积发热的青草，含淀粉高的块根类饲料或谷物饲料，一次不可饲喂过多。

任务十二　瘤胃酸中毒

瘤胃酸中毒，又称乳酸中毒、过食谷物综合征、中毒性消化不良。是由于反刍动物采食大量的谷类或其他富含碳水化合物的饲料后，在瘤胃内产生大量乳酸而引起的一种代谢性酸中毒。其特征是消化障碍、瘤胃运动停滞、瘤胃 pH 明显降低、酸血症、脱水。

瘤胃酸中毒是集约化养殖过程中危害奶牛的重要疾病之一，尤其是亚急性或慢性瘤胃酸中毒。瘤胃酸中毒使奶牛干物质的摄入量减少，瘤胃微生物区系紊乱和瘤胃消化率降低，当瘤胃 pH 长期处于较低水平时，还可引起瘤胃黏膜损伤、角化不全、瘤胃炎、蹄叶炎、腹泻和肝脓肿等，很多病症数月后才出现或者被其他常见病症状所掩盖，所以危害很严重。

［病因］

瘤胃酸中毒的主要病因是饲喂大量富含碳水化合物的饲料。能引起瘤胃酸中毒的物质有：谷物饲料（如玉米、大麦、小麦、燕麦、高粱、稻谷等），块根类饲料（马铃薯、甘薯、甜菜等），面食品（生面团、面粉、馒头等），酿造副产品（酒糟、淀粉渣等），水果类（苹果、梨等）。

饲养管理不当是采食过量碳水化合物饲料的条件，如为了提高泌乳量、生长速度或催肥，突然增加精料；精料保管不当而被牛偷食；精料的饲喂量过于随意；霉败的粮食不能供人食用时，大量饲喂牛；饲料的突然改变，尤其是平时以饲喂牧草为主，而突然改饲喂富含碳水化合物的饲料等。

研究发现，虽然瘤胃 pH 趋于中性时有利于提高瘤胃中降解纤维的微生物数量与微生物的生长效率，同时能降低瘤胃壁溃疡的发生率，但瘤胃偏酸环境有利于奶牛提高泌乳量和肉牛的快速生长，因此，在生产中饲喂高精料就成为必然。控制精料饲喂量和提高日粮精料时执行合理的过渡适应期，可有效预防酸中毒的发生。

［症状］

根据采食量的多少、饲料的种类和个体耐受力的不同，通常将症状分为最急性型、急性型和慢性型。

（1）最急性型　发病急，精神极度沉郁，虚弱，腹痛，腹胀，呻吟，步态不稳，不愿行走，有的双目失明，瞳孔散大。腹部显著膨胀，瘤胃内容物多，但不坚硬，以后变稀软或水样，瘤胃蠕动微弱或停止，瘤胃 pH 降低于 5 以下，无纤毛虫存活。体温低下，呼吸急促，心跳增数，口内流出泡沫状液体，阵发性痉挛。常于发病后 3～5 h 内突然死亡。

(2)急性型　精神沉郁，食欲、反刍废绝，磨牙，空口咀嚼，流涎，粪便稀软或呈水样，有明显的酸臭味。瘤胃胀满，内容物先黏硬后稀软，随病情发展，出现瘤胃积液，冲击触诊有振水音，瘤胃蠕动音微弱或消失，瘤胃 pH 降低。脱水体征明显，眼窝凹陷，血液浓稠色暗，少尿或无尿，尿色深浓，尿液 pH 降低，奶牛泌乳量减少。体温多数正常或微低，心率加快，100 次/min 以上，呼吸浅而快，60～90 次/min。

有的病牛出现视力障碍和神经症状。步态蹒跚，碰撞物体，眼反射减弱或消失；中枢神经兴奋性增高，狂躁不安，盲目冲撞，转圈或头抵墙壁。随病情发展，后肢麻痹，卧地不起。若不及时救治，多在发病后 1～2 d 死亡。

(3)慢性型　病牛症状轻微，常呈现前胃弛缓，食欲减退，反刍减少，粪便松软或腹泻。伴发蹄叶炎时，步态强拘，站立困难。

［**诊断**］

根据瘤胃胀满，瘤胃 pH 降低，脱水，视觉障碍，蹄叶炎，神经症状等，结合有过食谷类或富含碳水化合物饲料的病史，可以做出诊断。

［**治疗**］

本病的治疗原则是矫正瘤胃和全身性酸中毒及防止乳酸进一步产生；排出有毒物质；强心补液，调节电解质，维持循环血量，纠正脱水；恢复胃肠功能。

1.矫正酸中毒

对食入大量粉料不久或采食精料时间较长，已经在瘤胃发酵产生大量乳酸的病牛，首先要用洗胃疗法。方法是用大小适宜的胃管(25～28 mm 内径)经口插入导入胃内，末端接以漏斗，高举漏斗，向漏斗内灌注 10%石灰水(生石灰 1 kg，加水 10 kg，充分搅拌后沉淀，取其上清液)，不待石灰水流尽，随即放低牛头部和漏斗，利用虹吸原理，或用吸引器反复抽吸，以洗出胃内容物，如此反复多次，直到瘤胃内 pH 呈弱碱性为止。洗胃时，如果助手配合用拳顶压冲击瘤胃，更易洗出胃内容物。

二维码 2-1　瘤胃酸中毒时洗胃

瘤胃酸中毒继发瘤胃臌气的病例，少数是非泡沫性臌气，将胃管插入瘤胃后即可迅速排出气体，腹围立即缩小。但绝大部分是泡沫性臌气，易阻塞胃管而不易导出气体。这时应先通过胃管灌入少量石灰水，稀释后导出周围泡沫，反复来回抽动胃管使其疏通，随后由于灌水量逐渐增多使泡沫变稀更容易导出，当腹围减小之后，就可以大量灌入 10%石灰水，使石灰水与胃内容物充分混合后就更容易导出胃内容物。

洗胃后，用 5%碳酸氢钠 1 000～2 000 mL，静脉注射，纠正酸中毒；维生素 B_1 0.2～0.4 g，肌肉注射，以促进乳酸的代谢。根据病情可反复应用，直到酸中毒解除为止。

2.排出有毒物质

对采食大量富含碳水化合物的整粒精料或粉料，且采食后不久，瘤胃内精料还未发酵或仅部分发酵产生少量乳酸的，要尽早使用大剂量油类泻药泻下。这样既可排出瘤胃内未消化及未发酵的精料、酸性物质，防止瘤胃产生大量乳酸，又能保护胃肠黏膜免受损伤，减缓酸性物质的吸收。

须注意，泻下时宜用油类泻药液体石蜡，而不宜用盐类泻药如硫酸钠、硫酸镁等。因盐类泻药使整粒精料吸水膨胀，加重动物腹胀和增加泻下难度，又能加快脱水的过程，加速动物死亡。如液体石蜡 1 000～2 000 mL，灌服。切记量要足，否则达不到泻下和保护胃肠黏膜的作用，而延误治疗。

3. 强心补液，调节电解质，维持循环血量，纠正脱水

酸中毒时，由于大量的乳酸在瘤胃内蓄积，使瘤胃内的渗透压明显升高，因而就有大量的体液随血液循环进入瘤胃内，引起机体脱水，血液浓稠。与此同时，由于大量乳酸及其他有毒产物对胃肠道的刺激，使其发炎而腹泻，这就更加重了脱水程度，这是本病发病与死亡的主要原因。因此，应及时强心补液，调节电解质，维持循环血量，纠正脱水。可用复方氯化钠或 5% 葡萄糖生理盐水 2 500～3 000mL，20%安钠咖 10～20 mL，维生素 C 2～3 g，一次静脉注射。

4. 恢复胃肠功能

酸中毒解除后，恢复瘤胃机能有效的办法是用健康牛瘤胃液 3 000～5 000 mL，一次灌服，可反复使用；10%氯化钠注射液 0.1 g/kg 体重，静脉注射；或促反刍液 500～1000 mL，静脉注射；或陈皮酊 80～100 mL，大黄酊 80～100 mL，鱼石脂 15～20 g，一次内服。对出现严重前胃弛缓的病例，可用比赛可灵、新斯的明、毛果芸香碱等拟胆碱药物皮下注射。

5. 防止继发感染

为防止机体继发感染，可使用抗生素，如庆大霉素 80 万～100 万 IU 或四环素 200 万～250 万 IU，一次静脉注射，2 次/d。

病牛全身中毒症状减轻，脱水缓解而仍卧地不起者，可以补充钙制剂，如 5% 氯化钙 200～300 mL，静脉注射，一方面可减少渗出，另一方面可补充血钙浓度，加强心肌收缩，增强全身张力；当病牛兴奋不安、甩头时，可用甘露醇或山梨醇，降低颅内压，防治脑水肿，缓解神经症状；出现休克症状时，宜用地塞米松静脉或肌肉注射；如伴发蹄叶炎，可注射抗组胺药物，如盐酸苯海拉明、异丙嗪、扑尔敏等，配合蹄部冷水浴或放蹄头血效果更好。

对重症病例应立即进行瘤胃切开术，先排除瘤胃内容物，冲洗干净后将健康牛瘤胃液 3 000～5 000 mL 和少量优质干草一起置于瘤胃内（占原量的 1/3～1/2）。然后用碳酸氢钠、复方氯化钠、抗生素等纠正酸中毒、补液、消炎。

[预防]

加强饲养管理，合理供应精料，这是预防反刍动物瘤胃酸中毒的主要措施。严格控制精料喂量，日粮供应合理，精粗比例要平衡，不能随意加料或补料，日粮中可添加碳酸氢钠和碳酸钙等缓冲物质，以减少本病的发生。在养牛生产中，由高粗饲料向高精饲料转变要逐渐进行，通常需要 2～4 周的过渡期，使瘤胃能逐渐适应饲料的变化。谷物精料加工时压片或破碎即可，宜大不宜小，颗粒要大小均匀，尽量防止粉成细粉后再喂。对偷食过多谷物精料的牛，在出现酸中毒症状之前，及时洗胃。

任务十三　创伤性网胃腹膜炎

创伤性网胃腹膜炎又称金属器具病或创伤性消化不良，俗称“铁器病”或“铁丝病”，是由于金属异物混杂在饲料内，被误食后进入网胃，导致网胃和腹膜损伤及炎症的一种疾病。临

床上以顽固性前胃弛缓，网胃区疼痛，姿势和运步异常，体温升高为特征。

本病主要发生于舍饲的奶牛、肉牛以及半舍饲半放牧的耕牛。

［病因］

牛采食迅速，并不咀嚼，以唾液裹成食团，囫囵吞咽，又有舔食习惯，往往将随同饲料的异物吞咽落入网胃。因网胃体积小，收缩力强，胃的前壁和后壁容易接触，落入网胃内的尖锐异物，即使短小，也容易刺进胃壁，并以胃壁成为尖锐异物的支点，向前可刺损膈、心、肺，向后则刺损肝、脾、瓣胃、肠和腹膜，病情显得复杂而重剧(图 2-4)。

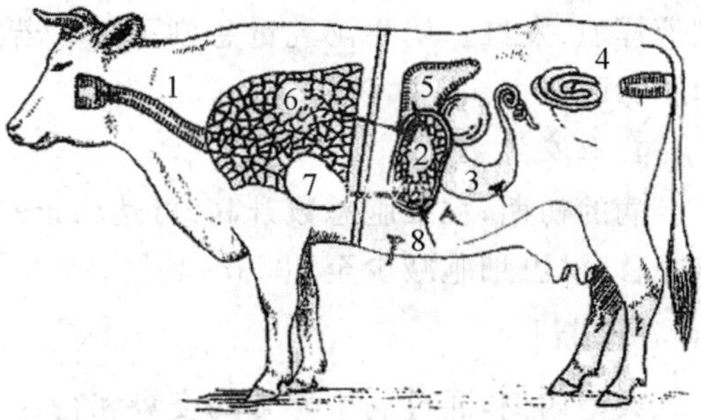

图 2-4　网胃内异物造成损伤模式图

1.食道　2.网胃　3.真胃　4.肠　5.肝　6.肺　7.心包　8.腹膜

因此，当饲养管理不当，饲料加工粗放，混进尖锐金属异物；对饲料中的金属异物检查时粗心大意或处理不及时；饲养管理粗放，散落在房前屋后、道路边、牛场周围的地面、草丛、牛舍等处的尖锐异物，被牛采食或舔食，都可造成本病的发生。

常见尖锐异物包括碎铁丝、铁钉、碎铁片、钢笔尖、别针、回形针、大头钉、缝合针、图钉、废弃的小剪刀、铅笔刀、注射针头及各种尖锐金属异物，特别是饲料粉碎机与铡草机上的铁钉。此外还有玻璃、塑料、碎骨片、鱼刺、植物硬刺等。

误食尖锐异物后，当瘤胃积食、瘤胃臌气、妊娠、分娩、奔跑、滑倒、爬跨、手术保定等时，腹内压急剧增高，挤压网胃，可促进本病发生和发展。

［症状］

根据金属异物刺穿胃壁的部位、创伤深度、炎症范围以及个体反应性等不同，临床症状也有差异。典型病例主要表现为消化紊乱，网胃和腹膜的疼痛，以及体温、血象变化在内的全身反应。

1.消化紊乱

突然发病，表现顽固性前胃弛缓症状，食欲减退或废绝，反刍缓慢或停止，有时异嗜。瘤胃收缩力减弱，常呈现间歇性瘤胃臌胀，排粪减少，粪便干燥，呈深褐色至暗黑色，常覆盖一层黏稠的黏液。

2.网胃疼痛

典型病例精神沉郁，拱背站立，四肢收拢于腹下，肘头外展，肘肌震颤，排粪时拱背、举尾，不敢努责。呼吸时呈现屏气现象，呼气抑制，做浅表呼吸。病牛站多卧少，一旦卧地后不愿起立，当卧地起立时，极为谨慎，或持久站立，不愿卧下，也不愿行走。站立时，常采取前高后低的姿势站立，头颈伸直，眼半闭，不愿移动。行走时动作缓慢，禁忌下坡、跨沟或急转弯，在水泥路面上行走时止步不前。触诊剑状软骨区和网胃区，或提捏鬐甲部以及抬杠剑状软骨区，疼痛不安，表现出呻吟、退让、躲避、踢蹴等疼痛反应。

二维码 2-2　抬杠法检查网胃区

3. 全身症状

当网胃穿孔引起腹膜炎呈急性经过时，病初体温升高，脉搏增数，以后体温可维持正常，而脉搏却逐渐增多，脉搏数可达 100～120 次/min，呼吸数增加，呼吸浅表。若异物再度转移，引起新的穿刺伤时，体温又可能升高。触诊腹壁敏感，腹壁两侧下方对称性膨大，腹腔穿刺液浑浊、发红。奶牛泌乳量急剧下降。若脾脏或肝脏受到损伤，易形成脓肿，往往蔓延引起脓毒败血症。

4. 血液学变化

病的初期，粒细胞总数升高，可达(11～16)×10^9 个/L；嗜中性粒细胞增至 45%～70%，核左移，淋巴细胞减少至 30%～45%。

［**诊断**］

典型病例，通过病牛异常的姿势和行为，顽固性前胃弛缓，网胃区触诊敏感、疼痛等可建立诊断。

确诊需要辅以 X 线检查、金属异物探测器检查等。根据 X 线影像，可确定金属异物损伤网胃壁的部位和性质，金属异物探测器检查可查明网胃内金属异物存在的情况。

［**治疗**］

治疗原则是加强护理，摘除异物，抗菌消炎，恢复胃肠功能。通常采用 2 种方法，即保守疗法和手术疗法。

(1)保守疗法　保持前躯高后躯低的姿势，同时限制采食以降低腹腔脏器对网胃的压力，内服缓泻剂如液状石蜡，促使异物从网胃壁上退出，并促使网胃的内容物向后移动排出；伴发瘤胃臌气时可同时投服止酵剂；同时应用抗生素和磺胺类药物，控制炎症，防止形成脓肿、败血症等；必要时可注射葡萄糖、维生素等营养药物；剧烈疼痛时可酌情应用镇静、止痛药物如安乃近等。也可以用特制磁铁经口投入网胃中，吸取胃内金属异物。

二维码 2-3　牛胃取铁器

(2)手术疗法　早期如无并发症，采取手术疗法，施行瘤胃切开术，进行网胃探察，寻找异物，将网胃内的异物摘除，可望治愈，也是治疗本病的根本方法。

加强管理，给予柔软易消化饲料，补充营养。辅以强心补液，增强病牛的恢复能力。用健胃药物恢复胃肠功能，恢复食欲等。

［**预防**］

加强日常饲养管理工作，防止饲料中混有金属异物，不可将碎铁丝、铁钉等金属异物随地乱扔，避免到尖锐异物多的工地等处随意放牧。加强饲草饲料中金属异物的检查和筛选，在本病多发地区，给牛群中所有已达 1 岁的青年牛投服磁铁笼是目前预防本病的主要手段，在大型牛场的饲料自动输送线或青贮塔卸料机上安装大块电磁板，以除去饲草中的金属异物，也可装磁铁牛鼻环减少发病机会。定期应用金属探测器检查牛群，并应用金属异物摘除器从瘤胃和网胃中摘除异物。

任务十四　瓣胃阻塞

瓣胃阻塞又称瓣胃秘结，中兽医称为百叶干，是因前胃运动机能障碍，瓣胃收缩力减弱，大量内容物在瓣胃内停滞，水分被吸收而干涸，胃壁扩展而形成阻塞的一种疾病。瓣胃阻塞根据病因可分为原发性和继发性两种类型。临床上以瓣胃蠕动音消失，瓣胃区坚硬疼痛，消化障碍，粪便干硬，瓣胃小叶发炎为特征。本病多发生于牛。

［**病因**］

1. 原发性瓣胃阻塞

长期过多地饲喂粗硬、坚韧、含纤维素多的难消化饲料，如甘薯蔓、花生蔓、豆秸等，使瓣胃排空缓慢，水分逐渐被吸收，以致内容物干涸积滞，尤其是饮水不足时，更易促使本病的发生。或因长期饲喂刺激性小或缺乏刺激性的饲料，如糠麸、粉渣、酒糟等，以致瓣胃的兴奋性和收缩力减弱。此外，由放牧转为舍饲或突然变换饲料，饲料中缺乏蛋白质、维生素以及微量元素，或饲料中沙土较多以及运动不足等均可促进本病发生。

2. 继发性瓣胃阻塞

继发于瘤胃疾病、真胃疾病、发热性疾病等，如前胃弛缓、瘤胃积食、皱胃阻塞、皱胃变位、皱胃溃疡、牛恶性卡他热、血液原虫病等疾病。

［**症状**］

本病一般发展比较缓慢，病初多呈现前胃弛缓的症状，精神沉郁，食欲不定或减退，便秘，粪便干硬、色暗，奶牛泌乳量下降。瘤胃轻度臌胀，瘤胃蠕动音减弱，瓣胃蠕动音微弱或消失，右侧瓣胃区触诊或叩诊，病牛疼痛不安，浊音区扩大。

随着病情进一步发展，食欲废绝，反刍停止，鼻镜干燥、龟裂，空口咀嚼、磨牙；呼吸浅表、急促，脉率加快至 80～100 次/min。瓣胃穿刺检查，可感到阻力较大，瓣胃不显现收缩运动。直肠检查可见肛门与直肠痉挛性收缩，直肠内空虚，有黏液，并有少量暗褐色粪块附着于直肠壁。

晚期病例，瓣胃小叶发炎、坏死，伴发肠炎和败血症，精神高度沉郁，排粪停止或排出少量黑褐色恶臭黏液，尿量减少或无尿。体温升高 0.5～1℃，呼吸急促，脉率加快至 100～140 次/min，心律不齐，结膜发绀，体质虚弱，卧地不起，陷于昏迷状态而死亡。

［**诊断**］

根据瓣胃蠕动音减弱或消失，触诊瓣胃敏感性增高，叩诊浊音区扩大，鼻镜干燥、龟裂，粪便干硬、色暗呈算盘珠状或像骆驼粪等症状，可建立诊断。由于本病临床诊断比较困难，可结合瓣胃穿刺辅助诊断，于右侧第 9 肋间与肩关节水平线交点处进行瓣胃穿刺检查，可感到阻力较大，瓣胃不显现收缩运动。

［**治疗**］

本病的治疗原则是恢复前胃运动机能，促进瓣胃内容物排除，对症治疗。

轻症或疾病的早期，可用硫酸钠或硫酸镁 500～800 g，加水 8 000～10 000 mL，或液体石蜡 1 000～2 000 mL，一次灌服。对重症病例，可采用瓣胃注射疗法。可用 10%硫酸钠或硫酸镁溶液 1 000～2 000 mL，液体石蜡 500～1 000 mL，盐酸普鲁卡因 2 g，呋喃西林 3 g，一次瓣胃内注入，可收到一定效果。瓣胃注射时，为慎重起见，可先注入适量的生理盐水，并用注射器回抽，如抽出黄色浑浊液体或草屑时，则证明注射部位正确，然后注入所用药物。

也可用生理盐水 2 000～3 000 mL，硫酸链霉素 8～10 g，一次瓣胃内注入。如果注射一次效果不明显时，次日或隔日可再注射一次。注射后还要充分饮水，并适当配合强心补液等治疗措施，如 5%葡萄糖生理盐水 2 500～3 000 mL，10%安钠咖注射液 30 mL，5%碳酸氢钠注射液 500 mL，静脉注射。同时给予前胃兴奋剂和制酵剂，如氨甲酰胆碱、新斯的明、毛果芸香碱、10%氯化钠等。

二维码 2-4 瓣胃注射

以上疗法均无效时，可施行瘤胃或皱胃切开术进行冲洗、按摩瓣胃，使其内容物软化、排出。

按中兽医辨证施治原则，牛百叶干是因脾胃虚弱，胃中津液不足，百叶干燥，治疗着重生津，清胃热，补血养阴，通肠润燥，宜用藜芦润肠汤：藜芦 60 g，常山 60 g，二丑 60 g，川芎 60 g，当归 120 g，水煎后滑石 90 g，液体石蜡 1 000 mL，蜂蜜 250 g，灌服。或用下方：当归 200 g，肉苁蓉 100 g，青皮 50 g，陈皮 50 g，大戟 25 g，枳实 75 g，大黄 150 g，滑石 50 g，麻仁 50 g，水煎，候温，加芒硝 100 g，灌服。

［**预防**］

加强饲养管理，合理调配日粮，日粮中增加青绿饲料和多汁饲料，适当减少粗硬难消化的饲料，饲草不宜铡得过短，注意补充蛋白质饲料与矿物质饲料。避免长期饲喂混有泥沙的糠麸、糟粕饲料，保证充足饮水，并注意适当运动。及时治疗前胃弛缓等疾病，以防止发生本病。

任务十五　皱胃炎

皱胃炎是指皱胃黏膜及黏膜下层组织的炎症。皱胃炎多见于犊牛和老龄牛。

［**病因**］

原发性皱胃炎，多因长期饲喂粗硬饲料、冰冻饲料、霉变饲料或长期饲喂糟粕、粉渣等引起；或饲养管理不当，如饲喂不定时定量，突然变换饲料，经常调换饲养员；或者因长途运输，过度紧张和劳累，因而影响到消化机能，导致皱胃炎的发生。

继发性皱胃炎，常继发于前胃疾病、营养代谢疾病、口腔疾病、某些化学物质中毒以及某些寄生虫病（如血矛线虫病）和传染病（如牛病毒性腹泻、牛沙门氏菌病）等。

［**症状**］

不论急性或慢性皱胃炎，病初主要表现是前胃弛缓，消化机能障碍，缺乏特征性症状，在临诊中易误诊。

急性病例，精神沉郁，食欲减退或废绝，低头站立，反刍减少、短促、无力或停止，鼻镜干燥，皮温不整，结膜潮红、黄染，泌乳量减少甚至完全停止，体温一般变化不明显。口腔黏膜被覆黏稠唾液，舌苔白腻，口腔散发臭味，有的伴发糜烂性口炎；瘤胃轻度臌气，收缩力减弱；右腹部皱胃区进行触压或解压后，病牛疼痛不安；便秘，粪呈球状，表面被覆多量黏液或黏液膜，间或腹泻。有的病例表现腹痛不安，哞叫；有的表现视力减退，具有明显的神经症状。病的末期，病情急剧恶化，往往伴发肠炎，全身衰弱，心跳次数增加，脉搏微弱，精神极度沉郁，甚至呈现昏迷状态。

慢性病例，表现为长期消化不良，异嗜，口腔发臭，黏膜苍白或黄染，唾液黏稠，有舌苔；皱胃收缩无力，便秘，粪便干硬，呈球状。病的后期，病牛衰弱，贫血，腹泻。

［**诊断**］

本病特征不明显，临床诊断困难。根据病牛消化不良，触诊皱胃区敏感，眼结膜黄染，便秘或腹泻等症状，可做出初步诊断。

［**治疗**］

治疗原则主要是加强护理，清理胃肠，消炎止痛，对症治疗。

对急性病例，病初，禁食1～2 d，对犊牛，在禁食期间，喂给温生理盐水，再给少量牛奶，逐渐增量。为清理胃肠道有害内容物，用植物油500～1 000 mL，或人工盐400～500 g，加水，内服。为了提高疗效，可用氯霉素5～8 g，60%～70%酒精50 mL，配成酒精溶剂，进行瓣胃注射，1次/d，连用3～5 d。瘤胃内容物发酵、腐败时，可用四环素0.5 g，内服，1～2次/d；或用链霉素1 g，内服，连用3～4次。必要时用1%盐水反复洗胃与导胃，洗胃后再投服健康牛的瘤胃液，更新瘤胃内容物群系，增进消化机能。

对病情严重，体质衰弱的牛应及时用抗菌药物，防止感染，如青霉素、链霉素、环丙沙星、磺胺嘧啶钠等，必要时可瓣胃注射链霉素、环丙沙星等。在使用抗生素的同时，应注意强心补液，矫正酸中毒，促进新陈代谢，改善全身机能状态。病情好转时，可服用复方龙胆酊、橙皮酊等健胃剂。

慢性病例，应注意加强饲养管理，适当的应用人工盐、酵母粉、橙皮酊、龙胆酊等健胃剂。必要时，给予盐类或油类泻剂，清理胃肠。由于真胃炎影响前胃内容物的排出，久之发生酸败产生有毒物质，所以洗胃、导胃就显得十分必要。用1%盐水反复洗胃与导胃，直至导出的内容物无酸臭味以及瘤胃较空虚为止。然后再向瘤胃内注入一定量1%盐水，这样可防止瘤胃的酸败内容物及毒素对真胃的刺激。

［**预防**］

加强牛的饲养管理，搞好牛舍环境卫生，合理搭配日粮，饲喂质量良好的饲料，禁止饲喂霉败或质量不佳的饲料；不要突然变换草料，并注意适当运动，避免不利因素刺激和干扰，尽量减少各种应激因素的影响。

任务十六　皱胃阻塞

皱胃阻塞又称皱胃积食，是由于迷走神经调节机能紊乱或受损，导致皱胃弛缓，大量内容物滞留于皱胃形成阻塞，致使胃壁扩张和体积增大的一种疾病。按发病原因，分为原发性阻塞和继发性阻塞；按阻塞物的性质，分为食物性阻塞和异物性阻塞。临床上以消化机能障碍，排粪迟滞或停止，右侧皱胃区局限性隆起，皱胃坚硬、扩张，严重脱水和自体中毒为特征。本病常见于黄牛和水牛，奶牛与肉牛也有发生。

［病因］

原发性皱胃阻塞主要是因为饲养管理不当而引起。

长期大量采食粗硬难以消化的饲料，如稻草、麦糠、甘薯蔓、花生蔓，麦秸、豆秸、玉米秸秆、高粱秸秆等（特别是切割过短后饲喂）是引起本病发生的主要原因。

饲料中混有较多的泥沙，也可引起皱胃阻塞。

由于异嗜，采食不能消化的异物，如被毛、塑料薄膜、破布、胎盘、木屑、沙石等，这些异物形成团块阻塞幽门或十二指肠，引起机械性皱胃阻塞。

饮水不足、过度劳役、神情紧张和应激等可促进本病的发生。

继发性皱胃阻塞，常继发于前胃弛缓、创伤性网胃腹膜炎、皱胃炎、皱胃溃疡，小肠阻塞等疾病。

［症状］

本病发展较慢，病初呈现前胃弛缓，食欲减退，反刍稀少。有的病例则喜饮水，瘤胃蠕动音减弱，瓣胃蠕动音低沉，肚腹无明显异常；尿量减少，排粪迟滞，粪便干燥，但粪量明显减少。

随着病情发展，病牛食欲废绝，反刍停止，鼻镜干燥或龟裂，瘤胃与瓣胃蠕动音消失，瘤胃多空虚或积气、积液，当瘤胃大量积液时，冲击式触诊呈现振水音。常呈现排粪姿势，有时排出少量糊状、棕褐色的粪便，或呈煤焦油状，有恶臭味，混有少量黏液或紫黑色血丝和血凝块；尿量少而浓稠，色深，有强烈臭味。并发皱胃炎时，粪中带血。有的长期不见排粪。

重剧病例，右侧腹部肋弓后下方皱胃区可见局限性隆起，进行冲击式触诊可感知坚硬或坚实且扩展的皱胃，同时病牛敏感，疼痛，表现拱背、退让、躲避、呻吟和后肢踢腹等；在左肷部听诊，同时以手指叩击左侧倒数第 1 至第 5 肋骨，可听到类似叩击钢管的铿锵音（钢管音）。

病的末期，出现严重脱水和代谢性碱中毒症状，精神极度沉郁，体力衰弱，结膜发绀，皮肤弹性减退，鼻镜干燥，眼窝下陷，舌面皱缩，血液黏稠，心率增加，达 100 次/min 以上。若治疗不当，多在 2～5 周内死亡。

犊牛的皱胃阻塞，常表现持续性腹泻，体质消瘦，腹部臌胀而下垂，冲击式触诊，可听到一种类似流水音的异常音响。通过皱胃手术除去阻塞物后仍然长期表现前胃弛缓，严重影响生长发育。

［诊断］

有长期饲喂粗硬难消化或细碎草料的病史，发病缓慢，前胃弛缓，排粪迟滞，右腹部皱胃区局限性膨隆，触诊皱胃区坚硬，在左肷部结合叩诊肋骨弓进行听诊，呈现类似叩击钢管的铿锵音；发生不同程度的低氯血症，低钾血症，代谢性碱中毒等可做出诊断。应注意与前胃疾病、皱胃变位、肠变位等疾病进行鉴别诊断。

［治疗］

治疗原则是消积化滞，防腐止酵，缓解幽门痉挛，促进皱胃内容物排除，防止脱水和自体中毒。

发病初期，皱胃蠕动机能尚未完全消失时，可用硫酸镁（或硫酸钠）300～500 g，鱼石脂 20～30 g，75％酒精 50 mL，液体石蜡（或植物油）500～1 000 mL，酵母粉 250 g，加常水 6～8 L，一次内服；也可用 25％硫酸钠溶液 500～1 000 mL，液体石蜡（或植物油）500～1 000 mL，乳酸 8～15 mL，一次皱胃注射。皱胃注射部位在右侧第 12～13 肋骨后下缘，针头刺透皮肤，朝向对侧肘关节刺入 5～8 cm 深，如有坚实感，表明已刺入皱胃，先注入生理盐水 50～100 mL，然后回抽，其中混有皱胃内容物，pH 为 1～4，证明无疑，然后再注入上述药液。如果再配合按摩皱胃区，疗效更佳。以后每天灌油类泻剂，连用 3～5 d。但要注意，病的后期发生脱水时，忌用高浓度盐类泻剂。

病程中，为了促进胃肠蠕动，增强心脏活动，防止脱水和自体中毒，可用 5%葡萄糖生理盐水 2 000～3 000 mL，10%氯化钾 30～50 mL，20%安钠咖注射液 10～20 mL，静脉注射，2 次/d；或用 10%氯化钠溶液 500 mL，10%氯化钙 100～150 mL，20%安钠咖注射液 10～20 mL，静脉注射，10%维生素 C 注射液 30 mL，肌肉注射。

此外，可适当应用抗生素或磺胺类药物，防止继发感染。

上述疗法无效时，可施行皱胃切开术，用温水冲洗，疏通皱胃及瓣胃(由于皱胃阻塞，多继发瓣胃秘结)。

中兽医治疗，以宽中理气，消坚破满，通便下泻为主，可参照瓣胃阻塞治疗。

[**预防**]

加强饲养管理，合理配制日粮，特别要注意粗饲料和精饲料的调配，粗硬饲料占日粮比例不能过高，避免饲喂单一难消化饲料，饲草不能铡得过短，精料不能粉碎过细，保证饲料有充足的矿物质和维生素，饮水必须充分。注意清除饲料中异物，避免损伤迷走神经。

任务十七　皱胃变位

皱胃变位即皱胃的正常解剖学位置发生改变。根据其变位的方向可分为左方变位和右方变位两种类型，在临床上绝大多数病例是左方变位。皱胃变位主要发生在规模化牛场，发病高峰在分娩后 6 周内，也可散发于泌乳期或怀孕期。成年高产奶牛的发病率高于低产奶牛，犊牛与公牛较少发病。随着奶牛业的迅速发展，该病的发病率和死亡率呈上升趋势，特别是年轻高产的良种奶牛发病率最高，经济损失十分严重，成为威胁奶牛业健康发展的一种严重疾病。

一、左方变位

左方变位即皱胃通过瘤胃下方移到左侧腹腔，置于瘤胃和左腹壁之间。以 4～6 岁的奶牛常发，在产后 1 个月发病最多。

[**病因**]

目前尚不完全清楚，可能与皱胃弛缓和机械性因素有关：

1. 皱胃弛缓

引起前胃弛缓的原因也是引起皱胃弛缓的原因。

饲养不当，喂饲较多的优质谷物饲料(玉米、青贮玉米等)，使皱胃内挥发性脂肪酸浓度升高，导致胃壁平滑肌运动减弱，皱胃内食糜停滞，从而产生多量气体，积气的皱胃容易受挤压而游走，移位到瘤胃左方并抬升而发病。

一些营养代谢性疾病、感染性疾病和产后疾病是本病的重要诱发因素，如酮病、低钙血症、生产瘫痪、子宫内膜炎、乳房炎、胎衣滞留、创伤性网胃炎和消化不良等，会引起胃肠弛缓。这些因素还可引起病牛食欲减退，导致瘤胃体积减小，促进皱胃变位的发生。

2. 机械性因素

妊娠期增大的子宫（以及分娩期努责和其他引起腹内压增高的因素），导致瘤胃被向上抬高和向前推移，皱胃通过瘤胃底部的空隙而游走至左侧，分娩后，由于胎儿被产出，瘤胃恢复下沉，致使皱胃被压到瘤胃与左腹壁之间。

［**症状**］

常于分娩后数日或 1～2 周之内出现症状，食欲减退，厌食谷物精料和青贮饲料，病牛精神沉郁，腹痛，产奶量下降，反刍稀少、迟缓、无力或停止，体温、脉搏、呼吸多在正常范围内。有的病牛可出现继发性酮病，呼出气和乳汁带有酮味。排粪量减少，呈绿色糊状，轻度脱水。

随病程发展，左腹膨大，左侧肋弓突起（图 2-5），瘤胃蠕动音减弱或消失，右侧肷窝由于皱胃已移位而明显塌陷，右腹平坦。在左侧肩关节和膝关节的连线与第 11 肋间交点处听诊，能听到与瘤胃蠕动不一致的皱胃蠕动音。在左腹部听诊的同时进行叩诊，可听到高亢的鼓音（砰砰声或类似叩击钢管的铿锵音）。在左侧肋骨下进行冲击式触诊可听到振水音（液体振荡音）。

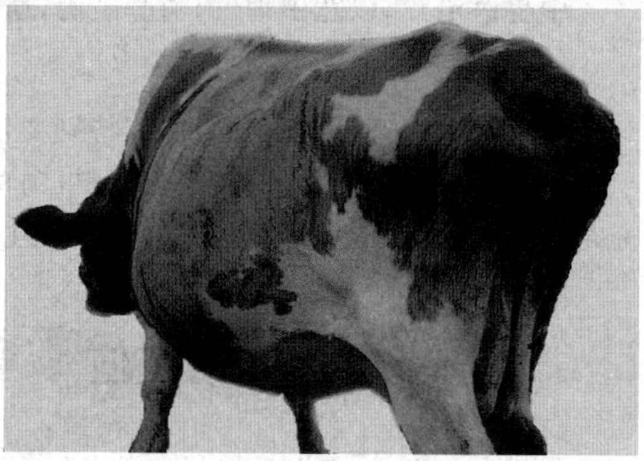

图 2-5　左腹膨大，左侧肋弓突起

直肠检查，可发现瘤胃背囊明显右移。

［**诊断**］

本病根据分娩后发病，食欲减退，产奶量下降，腹痛，对症治疗无效或复发。视诊左腹侧肋弓部突起，在特定区域听叩结合可听到“砰砰”声，在“砰砰”声区做深部穿刺检查，可抽取褐色、酸臭、混浊的皱胃液，pH 为 1～4，无纤毛虫，可做出明确诊断。

［**治疗**］

真胃左方变位有 3 种治疗方法，即药物疗法、滚转复位法和手术整复法。

1. 药物疗法

应用消胀、消气、助消化、下泻、促进胃肠蠕动的药物，部分牛的皱胃可能复位。可静脉注射促反刍液：10% 氯化钠溶液 500 mL，5% 氯化钙溶液 150～200 mL，10% 安钠咖 20～30 mL，同时配合补糖补液等；或皮下注射新斯的明 15～20 mg，1 次/d，连用 2～3 d；或用其他平滑肌兴奋药。目的是借助胃肠蠕动机能和胃排空机能加强，消除皱胃弛缓，从而促进皱胃气液排空，促进皱胃的复位。药物治疗（配合滚转疗法）后，应让病牛多采食干草填充瘤胃，既可防止皱胃左方变位复发，又可促进胃肠蠕动。若存在并发症，如酮病、乳房炎、子宫炎等，应同时进行治疗。

2. 滚转复位法

仅限于病程短，病情轻的皱胃左方变位，但成功率不高，多数病例滚转后症状即消失，但容易复发。滚转复位前，限制饮水，禁食 1 d 以上，使瘤胃空虚。使牛右侧横卧，然后转成仰卧,然后以背部为轴心,先向左滚转 45°,回到正中,再向右滚转 45°,再回到正中;如此来回地向左右两侧摆动若干次,每次回到正中位置时静止 2～3 min,此时皱胃可能通过腹中线回到正常位置。然后将牛转为左侧横卧,使瘤胃与腹壁接触,然后立即使牛站立,以防左方变位复发。如经触诊和听诊检查发现皱胃尚未复位,可重复进行直到复位为止(图 2-6)。

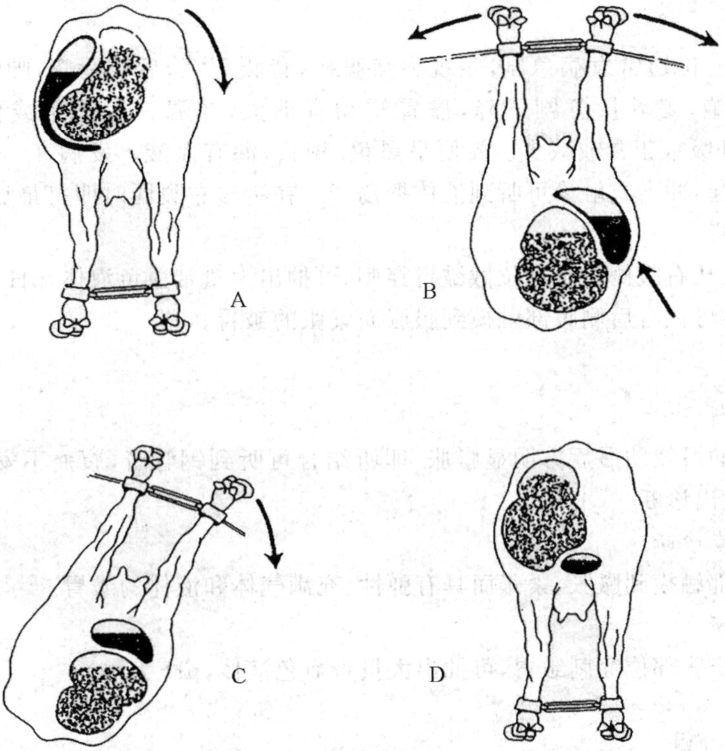

图 2-6　皱胃变位滚转整复法

A. 皱胃左侧变位的状态　B. 将病牛四肢缚紧,右侧倒卧,四肢向上,左右摆动数次
C. 最后让病牛左侧卧地,放松绳索,小心辅助病牛站立　D. 当病牛起立后,皱胃可复位

3. 手术整复法

当药物疗法及滚转复位法无法复位时,应及时做手术整复。术后应用抗菌药防止感染,应注意矫正脱水,维持体液电解质平衡,解除代谢性碱中毒和促进胃肠功能的恢复。

[**预防**]

加强饲养管理,合理配合日粮,日粮中的谷物饲料、青贮饲料和优质干草的比例应适当;妊娠后期,应少喂精料,多喂优质干草,适量运动;对并发乳房炎或子宫炎、酮病等疾病的病牛应及时治疗;在奶牛的育种方面,应注意选育后躯宽大、腹部较紧凑的奶牛。

二、右方变位

皱胃右方变位又称皱胃扭转,皱胃从正常的解剖位置以逆时针方向向前方扭转,置于网胃和膈肌之间,称为皱胃前方变位;皱胃从正常的解剖位置以顺时针方向扭转到瓣胃的后上方,置于肝脏与腹壁之间,称为皱胃后方变位。常发于成年奶牛产犊后 3～6 周内,公牛、犊牛、肉牛也可发生。

［**病因**］

目前尚不清楚，可能与皱胃弛缓、积气、积液、体位及腹内压的改变有关。突然跳跃、起卧、滚转等可促进本病的发生。

［**症状**］

皱胃右方变位通常发病急剧，表现突然腹痛，背腰下沉，后肢踢腹，呻吟，呈蹲伏姿势。食欲减退或废绝，泌乳量急剧下降，瘤胃蠕动音消失，体温一般正常或偏低，心率 60～120 次/min，呼吸数正常或减少。粪便呈黑色、糊状，混有血液。发病 3～4 d 后，右腹膨大或肋弓显著突起，冲击式触诊可听到液体振荡音。在听诊右腹同时叩打最后两个肋骨，可听到典型的钢管音。

穿刺检查：从右腹侧臌胀部位做皱胃穿刺，可抽出大量带血色液体，pH 为 1～4。

直肠检查：可在右后侧腹部触摸到臌胀而紧张的皱胃。

［**诊断**］

1. 症状诊断

右侧最后肋弓及肋弓后方明显臌胀，叩听结合可听到钢管音，腹痛不安，冲击式触诊有振水音等，可做出诊断。

2. 直肠检查诊断

可在右腹部触摸到臌胀、紧张而具有弹性、充满气体和液体的皱胃。

3. 穿刺诊断

从右腹侧臌胀部位穿刺皱胃，可抽出大量带血色液体，pH 为 1～4。

［**治疗**］

皱胃扭转主要采用手术治疗，应立即实行开腹整复手术。

在右腹部第 3 腰椎横突下方 10～15 cm 处，做垂直切口，导出皱胃内的气体和液体，纠正皱胃位置，并使十二指肠和幽门通畅，减少脱水和碱中毒。然后将皱胃在正常位置加以缝合固定，防止复发。术后应抗菌消炎，强心补液和矫正碱中毒。

［**预防**］

皱胃右方变位的预防与皱胃左方变位的预防措施相似。

附：牛真胃变位（DA）和扭转（AV）时血液酸碱度与电解质变化范围（表 2-1）。

表 2-1　牛真胃变位（DA）和扭转（AV）时血液酸碱度与电解质变化范围

项目	pH	Cl^-/（mmol/L）	K^+/（mmol/L）	HCO_3^-/（mmol/L）	碱过剩
正常静脉血	7.35～7.50	97～111	3.7～4.9	20～30	2.5～2.5
典型真胃左方变位	7.45～7.55	85～95	3.5～4.5	25～35	0～10
典型真胃右方变位	7.45～7.60	85～95	3.0～4.0	30～40	5～15
重度真胃右方变位	7.45～7.60	80～90	3.0～6.5	35～45	5～20
典型真胃扭转	7.45～7.60	75～90	2.5～3.5	35～50	10～25

续表 2-1

项目	pH	Cl^-/(mmol/L)	K^+/(mmol/L)	HCO_3^-/(mmol/L)	碱过剩
晚期真胃扭转	7.45～7.65	60～80	2.0～3.5	35～55	10～35
晚期真胃扭转并发真胃坏死	7.30～7.45	85～95	3.0～4.5	15～25	10～0
典型真胃左方变位并发重度酮病	7.15～7.30	85～95	3.5～4.5	15～30	10～0

（引自威廉·C·雷布汗.奶牛疾病学.1999）

任务十八　胃肠炎

胃肠炎是胃肠黏膜及其深层组织的重剧性炎症。临床上，很多胃炎和肠炎往往相伴发生，故合称为胃肠炎。胃肠炎按炎症的性质分为黏液性胃肠炎、出血性胃肠炎、化脓性胃肠炎、纤维素性胃肠炎和坏死性胃肠炎；按病程经过分为急性胃肠炎和慢性胃肠炎；按发病原因分为原发性胃肠炎和继发性胃肠炎。临床上以严重的胃肠机能障碍、脱水和自体中毒为特征。胃肠炎是牛的常见多发病。

［**病因**］

1. 原发性胃肠炎的发病原因

(1)饲料质量不良或加工调制不当，如饲料过于粗硬，发霉变质，霜冻的饲料，混有泥沙太多的饲料，饲草铡得过长，豆饼不充分泡软等。

(2)饲养管理不当，草料突变或经常改变饲喂程序，饲喂不定时不定量，饲喂后立即重役，重役后立即饲喂，饮水不洁，畜舍卫生条件差，阴暗潮湿，长途运输，过劳，过度紧张，气候骤变等，机体处于应激状态，容易受到致病因素的侵害而发病。

(3)采食有毒植物，如巴豆、蓖麻等。

(4)灌服刺激性强或腐蚀性的化学物质，如水合氯醛、酸、碱等。

(5)滥用抗生素，一方面细菌产生抗药性，另一方面造成肠道菌群的失调，引起二重感染。

(6)误食尖锐异物损伤胃肠黏膜，被化脓菌感染而导致胃肠炎。

2. 继发性胃肠炎发病原因

常见于胃肠卡他、肠阻塞、肠变位、犊牛消化不良等病的过程中，也继发于某些传染病(如牛副结核病、沙门氏菌病、病毒性腹泻-黏膜病等)、寄生虫病(如牛血矛线虫病、牛球虫病)、中毒病(如棉籽饼中毒、黄曲霉毒素中毒)等。

［**症状**］

急性胃肠炎，精神沉郁，食欲废绝，反刍减少或停止，饮欲增加；眼结膜潮红、黄染乃至发绀。口腔干燥，气味恶臭，舌面皱缩，被覆多量舌苔，鼻镜干燥。常伴有轻微的腹痛，回顾腹部，不安或喜卧。

腹泻，是胃肠炎的主要症状。表现为不断排稀软、粥状以至水样恶臭或腥臭粪便，粪内常混有数量不等的黏液、血液、脓液及坏死组织碎片。腹泻时间持续较长的患牛，尽管有痛苦的努责，并无粪便排出，呈现里急后重现象。肠音初期增强，后期减弱或消失。

脱水体征明显。表现皮肤干燥，弹力减退，眼球凹陷，肚腹卷缩，尿少色浓，血液浓稠色暗。红细胞数及血红蛋白含量均增多，血沉变慢，白细胞总数增多，核左移。

自体中毒明显，全身症状重剧。体温升高至40℃以上，心音初期增强，脉搏增数达80～100次/min以上，初期充实有力，以后很快减弱，往往不感于手，呼吸加快。随着病情的发展，病牛精神高度沉郁，全身无力，肌肉震颤，出汗，甚至出现兴奋、痉挛或昏睡等神经症状。

［**诊断**］

典型的胃肠炎，根据全身症状重剧，腹泻，粪中含病理性产物，体温升高，脱水等，多不难做出诊断。进行流行病学调查，血、尿、粪的化验，对单纯性胃肠炎、传染性胃肠炎或寄生虫性胃肠炎可进行鉴别诊断。怀疑中毒时，应检查草料和其他可疑物质。

［**治疗**］

本病的治疗原则是抗菌消炎，缓泻和止泻，补液，解毒，强心。治疗时，要抓住一个根本——消炎，掌握两个时机——缓泻和止泻，把好三个关口——补液，解毒，强心。

1.抗菌消炎

抑制肠道内致病菌增殖，消除胃肠炎症过程，是治疗急性胃肠炎的根本措施，适用于各种病型，应贯穿于整个病程，可依据病情和药物敏感试验，选用抗菌消炎药物。如磺胺脒，0.1～0.3 g/kg体重，分2次内服。或庆大霉素、环丙沙星、诺氟沙星等。还可灌服0.1%～0.2%高锰酸钾溶液1 000～3 000 mL，1～2次/d。多次、大量经口投服抗菌药会影响瘤胃内正常微生物群系，可考虑经瓣胃注射给药。

2.缓泻和止泻

缓泻和止泻是相反相成的两种措施，必须切实掌握好用药时机。缓泻，是排除有毒物质，制止胃肠内容物腐败发酵，减轻炎性刺激，缓解自体中毒的重要措施。适用于肠音弱，粪干、色暗或排粪迟滞，或排粥样恶臭粪便时。如硫酸钠或人工盐300～400 g（或液体石蜡500～1 000 mL），鱼石脂15～20 g，95%酒精50 mL，常水适量，内服。在应用泻剂时，要注意防止剧泻。

止泻，可以防止机体因持续腹泻而致严重脱水。适用于肠内积滞的粪便已基本排除，粪便的臭味不大而仍腹泻不止的非传染性胃肠炎。如活性炭100～200 g，加水1 000～2 000 mL，配成悬浮液，一次内服，或用鞣酸蛋白20 g，加水适量，一次内服，或矽碳银片30～50 g，鞣酸蛋白20 g，碳酸氢钠40 g，加水适量，灌服。也可用炒面粉0.5～1 kg，加适量水，灌服，或浓茶水1 000～2 000 mL，灌服。

腹泻时间较长，粪有恶臭气味，并混有多量脓血时，既不宜应用泻剂，也不宜应用止泻剂。应着重抑菌消炎和补液解毒。

3.补液、解毒、强心

三者是相辅相成的，但以补液为主。在实施补液时应注意以下几个问题。

（1）注意药液的选择。胃肠炎引起的脱水，是混合性脱水，即水盐同时丧失，故常补给复方氯化钠注射液或生理盐水。注射5%葡萄糖生理盐水，兼有补液、解毒和营养作用，效果良好。配合应用6%低分子右旋糖酐注射液（一般一次静脉滴注1 000～2 000 mL）还有维持血液渗透压，扩充血容量和改善微循环的作用。

（2）注意补液数量，一般每次静脉注射量为2 500～3 000 mL。

(3)胃肠炎经过中,血钾、血氯往往降低,补液时适当补充一定量的氯化钾。

(4)纠正酸中毒,可静脉注射5%碳酸氢钠注射液500~1 500 mL。

(5)在补液的基础上,适当选用强心剂,如安钠咖等,维护心脏机能。

4. 对症治疗

腹痛明显的,可肌肉注射30%安乃近注射液20~30 mL;胃肠道出血时,可用10%氯化钙注射液200~250 mL,一次静脉注射;当炎症已基本消除时,可应用各种健胃剂,以促进胃肠机能恢复。

5. 中药治疗

中兽医称肠炎为肠黄,治以清热解毒、消黄止痛、活血化瘀为主。宜用白头翁汤(白头翁72 g,黄连36 g,黄柏36 g,秦皮36 g)或郁金散(郁金30 g,诃子15 g,黄芩30 g,大黄60 g,黄连30 g,黄柏30 g,栀子30 g,白芍15 g)。

[预防]

加强饲养管理,保证饮水清洁,不用霉败饲料饲喂,避免采食有毒物质或灌服刺激性、腐蚀性的化学物质。防止各种应激因素的影响。搞好牛的定期预防接种和驱虫工作。

任务十九 犊牛消化不良

犊牛消化不良是哺乳期犊牛胃肠消化机能障碍的统称。该病特征主要是明显的消化机能障碍和不同程度的腹泻。根据临床症状和疾病经过,分为单纯性消化不良和中毒性消化不良两种。前者主要表现为消化与营养的急性障碍和轻微的全身症状,后者主要表现为严重的消化障碍,明显的自体中毒和重剧的全身症状。

[病因]

妊娠母牛饲养不良,饲料不全价,饲料中营养物质缺乏,使母牛的营养代谢发生紊乱。一方面,影响胎儿正常生长发育,造成刚出生的犊牛体质虚弱,吮乳反射出现较晚,抵抗力低下,胃肠道消化机能降低,易患胃肠道疾病;另一方面,由于母牛初乳中蛋白质、脂肪含量低,维生素、溶菌酶等物质缺乏,犊牛从初乳中得不到足够的免疫球蛋白,导致犊牛抗病力低,则易发生消化不良。

哺乳母牛饲养不良,饲料中营养物质不足,如矿物质、维生素、微量元素缺乏等,可使营养代谢紊乱,影响胎儿的正常发育,使犊牛发育不良,体质衰弱,抵抗力低下,进而导致犊牛消化道机能障碍。此外,当母牛患乳房炎等疾病时,乳中含有各种病理产物和病原微生物,犊牛食后,极易发病。

犊牛护理不当,也是引起犊牛消化不良的重要原因。如新生犊牛不能及时吃到初乳,或哺乳的量不够而舔食污物,或人工哺乳的代乳品配制不当,不定时不定量,以及哺乳期犊牛补饲不当等,均可引起犊牛消化机能紊乱而发病。各种应激因素的影响,如牛舍潮湿、通风不良、卫生不良、过度拥挤和气温突变等,都可导致犊牛发病。

中毒性消化不良,多数因为单纯性消化不良治疗不当,肠内容物发酵、腐败,导致自体中毒而引起。

［**症状**］

1.单纯性消化不良

病牛精神沉郁，喜躺卧，食欲减退或废绝，体温一般正常或偏低。腹泻，犊牛多排粥样或水样粪便，呈深黄色、黄色或暗绿色，肠音高朗，并有轻度臌气和腹痛现象。心音增强，心率增快，呼吸数增加。腹泻不止时，皮肤干燥，弹性降低，被毛蓬乱无光泽，眼窝凹陷。严重时，站立不稳，全身震颤。

2.中毒性消化不良

全身症状重剧，病牛精神极度沉郁，食欲废绝，全身无力，躺卧于地，全身震颤，对外界各种刺激反应降低。腹泻，粪便内含有大量黏液和血液，出现恶臭或腐败臭气味，持续腹泻时，则肛门松弛，排粪失禁，皮肤弹性降低，眼窝凹陷。体温升高，心跳次数增加，心音减弱，呼吸浅快。病至后期，体温多下降，四肢、耳尖及鼻端厥冷，终至昏迷而死亡。

［**诊断**］

根据病史，临床症状等可做出诊断。诊断时，要注意以下两点：

(1)单纯性消化不良与中毒性消化不良，主要根据粪便性状和精神、食欲、体温、循环等全身状态进行鉴别诊断。单纯性消化不良，全身症状轻微；中毒性消化不良，则呈现明显的自体中毒和重剧的全身症状。

(2)犊牛消化不良与由特异性病原体引起的腹泻进行鉴别诊断，如轮状病毒病、冠状病毒病、细小病毒病、犊牛副伤寒、球虫病等相鉴别。

［**治疗**］

治疗原则是加强护理，除去病因，促进消化，防止肠道感染，恢复胃肠功能以及对症治疗。

将患病幼畜置于干燥、温暖、清洁的畜舍内，为缓解胃肠道的刺激作用，可施行饥饿疗法。禁乳(禁食)8～10 h，此时可喂饮适量的盐酸水溶液(氯化钠 5 g，33%盐酸 1 mL，凉开水 1 000 mL)或温红茶水或口服补液盐(氯化钠 3.5 g，氯化钾 1.5 g，碳酸氢钠 2.5 g，葡萄糖 20 g，加水至 1 000 mL)；加强母牛的饲养管理，给予全价日粮，改善乳汁质量，保持乳房卫生。

为排出胃肠内有毒物质，对腹泻不严重的犊牛，可应用油类泻剂或盐类泻剂进行缓泻；为制止肠内发酵、腐败过程，可选用乳酸、鱼石脂等防腐制酵药物。清除胃肠内容物后，适量给予稀释乳或人工初乳(鱼肝油 10～15 mL，氯化钠 10 g，鸡蛋 3～5 个，鲜温牛乳 1 000 mL，混合搅拌均匀)。饲喂人工初乳时要稀释，开始时以 1.5 倍稀释，以后为 1 倍稀释，犊牛每次 500～1 000 mL，5～6 次/d。

为促进消化，给予胃液(30～50 mL/次)、人工胃液(胃蛋白酶 10 g，稀盐酸 5 mL，加适量的维生素 B 和维生素 C，加水 1 000 mL，每次 30～50 mL)、胃蛋白酶(1 600～4 000 IU)、乳酶生(10～30 g)，灌服。对于单纯性消化不良，疗效显著。

当腹泻不止时，可选用鞣酸蛋白、次硝酸铋等药物。

对中毒性消化不良，应抗菌消炎，防止肠道感染。如肌肉注射链霉素(10 mg/kg 体重)、庆大霉素(1 500～3 000 IU/kg 体重)、卡那霉素(10～15 mg/kg 体重)、头孢氨苄或头孢噻肟钠(10～20 mg/kg 体重)，或内服磺胺脒(10 mg/kg 体重)、磺胺-5-甲氧嘧啶(50 mg/kg 体重)等。

防止脱水和自体中毒，可用 10%葡萄糖注射液或 5%葡萄糖生理盐水 300～500 mL，

5%碳酸氢钠注射液30～60 mL,静脉注射,2次/d。

[**预防**]

加强妊娠母牛饲养管理,特别是在妊娠后期,应饲喂富含蛋白质、矿物质及维生素的优质饲料。改善母牛的卫生条件,饲具要清洁卫生,经常洗刷消毒,保持乳房清洁,并保证适当的舍外运动。牛舍应保持温暖、干燥、清洁、通风。

加强对犊牛的护理,保证新生犊牛能尽早地吃到初乳。母乳不足或质量不佳时,应人工哺乳,人工哺乳应定时、定量,且应保持适宜的温度。防止犊牛受寒感冒。

【案例分析】

分析以下案例,根据病史和临床检查,提出初步诊断,制订治疗措施(开出处方)。

案例1　主诉:黄牛,在偷食玉米棒过程中,突然停止采食,惊恐不安,摇头缩颈。临床检查:患牛不断做吞咽动作,大量流涎,咳嗽,瘤胃臌气,呼吸困难,肌肉震颤。触压颈部食道有波动感。食道探诊时,胃管插至胸部食道时受到阻碍不能继续插入。

案例2　主诉:最近几天病牛采食减少,咀嚼缓慢,流涎,有时采食过程突然停止。临床检查:患牛流涎,口温增高,唇内面和两颊部以及舌缘有大米粒大小的透明水疱,有的已经破溃形成红色的烂斑。体温、脉搏、呼吸数基本正常。

案例3　主诉:一奶牛,发病已3 d,食欲降低,时常磨牙,反刍时好时坏,不时嗳气,气味酸臭。临床检查:患牛精神沉郁,听诊瘤胃蠕动音减弱,次数为2次/2 min,瓣胃蠕动音消失;触诊瘤胃内容物稀软。体温、脉搏数、呼吸数均无明显变化。

案例4　主诉:奶牛,3岁,最初表现为精神沉郁,食欲减退,反刍减少。4 d后,食欲废绝,反刍停止,排粪减少,粪便干硬,呈算盘珠状,色暗。临床检查:患牛鼻镜干燥,结膜发绀,眼球凹陷,机体衰弱无力,体温38.7℃,脉搏92次/min,呼吸38次/min。触诊瘤胃,内容物稀软,听诊瘤胃蠕动音微弱;触诊瓣胃区,患畜疼痛不安、抗拒,听诊瓣胃蠕动音消失;瓣胃穿刺,进针阻力很大,内容物坚硬。

案例5　主诉:黄牛,2岁,体重约350 kg。一周前突然食欲减少,反刍迟缓,诊断为前胃弛缓,治疗后病情未见好转,反而逐渐加重。临床检查:病牛站立时肘头外展,肘肌震颤,瘤胃蠕动音极弱,瘤胃轻度臌气。驱赶病牛上下坡运动,上坡正常,下坡时小心谨慎,呻吟。用拳头顶压网胃区,表现疼痛反应,抗拒检查。血液检查,白细胞总数为15 000个/mm^3。

案例6　主诉:牛偷食小麦后,腹部胀满,不时后肢踢腹。临床检查:该牛体重约400 kg,左侧腹部膨胀,时常回头顾腹。触诊瘤胃,病牛不安,用拳头按压,留有压痕,呻吟。听诊瘤胃,瘤胃蠕动音消失。

案例7　主诉:昨天饲喂该牛时在饲料中添加了较多的玉米粉。临床检查:病牛精神沉郁,食欲减退,反刍停止,口腔有酸臭味,瘤胃蠕动音微弱,瘤胃稀软。粪便稀软,恶臭。鼻镜干燥,肌肉震颤,步态不稳。体温38.5℃,心跳98次/min,呼吸急促达60次/min。

案例8　主诉:牛在饲喂大量青绿苜蓿后发病。临床检查:该牛表现不安,回顾腹部,张口呼吸,反刍、嗳气停止。腹部膨大,左肷部显著突起,叩诊呈鼓音,瘤胃蠕动音消失。

案例9　主诉:母牛,3岁,发病已4 d。临床检查:患牛精神沉郁,食欲废绝,反刍减少,腹泻。口腔干燥,气味恶臭,舌苔黄厚,鼻镜干燥;体温40.8℃,脉搏91次/min,排糊状稀粪，粪便中混有黏液和少量血液，听诊瘤胃音弱，肠音增强。

案例 10 主诉：黑白花犊牛，36 日龄，精神沉郁，食欲降低，排粥状水样粪便。临床检查：病牛精神沉郁，头低耳耷，鼻镜干燥，眼球凹陷，被毛粗乱，皮肤弹性下降。体温 39.8℃，心跳 110 次/min，呼吸 58 次/min。尾根部有粪便污染，听诊肠音增强，有轻度腹痛表现。

【知识拓展】

表现消化道症状的牛病

牛的消化道主要症状表现为流涎，采食、咀嚼、吞咽障碍，食欲、反刍、嗳气障碍，腹胀、腹痛、腹泻等，主要见于消化道疾病，也可见于某些营养代谢病、中毒病、传染病、寄生虫病等。

1. 表现流涎的牛病

(1)流涎并伴有采食、咀嚼障碍　主要有口炎、口蹄疫、牛恶性卡他热、牛放线菌病等疾病，其共同症状是流涎，采食、咀嚼缓慢，甚至拒食，鉴别诊断要点如下。

口炎：口腔黏膜潮红、肿胀，有时可见水疱、溃疡、创伤或芒刺刺入黏膜；全身症状不明显。

口蹄疫：具有传染性，偶蹄动物易感，传播迅速；口腔黏膜、舌、唇、蹄间糜烂，发生水疱和溃疡；高热，眼、鼻不发炎，不流分泌物。

牛恶性卡他热：一种病毒性传染病，多为散发。持续高热(41～42℃)，淋巴结肿大，口、鼻黏膜充血、坏死、糜烂，流涎，腹泻，气味恶臭。流脓性鼻液，呼吸困难，全身水肿，眼睑及头部明显。

牛放线菌病：上颌、下颌骨增生、肿大，表面不平整，发病初期疼痛，后期无痛；有时破溃，流稠脓，咀嚼、吞咽困难。如舌感染，舌肿大变硬，流涎。破口久不愈合。

(2)流涎并伴有吞咽障碍　主要有咽炎、食管阻塞、食管炎、食管狭窄等疾病，其共同症状主要有流涎，吞咽障碍，摇头伸颈，甚至有食物反流现象，鉴别诊断要点如下。

咽炎：头颈伸展，转动不灵活，吞咽困难，咽部肿胀有热痛。触诊咽喉部，病畜疼痛敏感。

食管阻塞：采食过程中突然发病，惊恐不安，不断做吞咽动作，咳嗽，流涎。颈部食管阻塞，可在颈部触摸到阻塞物；胸部食管阻塞，阻塞部位上方的食管内积满唾液，有波动感。胃导管探诊，当触及阻塞物时，不能推进。完全食管阻塞，迅速并发瘤胃臌胀。

食管炎：口、鼻流涎，吞咽困难。胃管探诊时，动物敏感，并有阻力，但稍用力即可通过。

食管狭窄：病情发展缓慢，吞咽困难，但饮水和流体饲料可以咽下。

破伤风：头颈伸直，两耳竖立，牙关紧闭，腹部紧缩，四肢强直如木马状。

2. 表现食欲减退、反刍障碍的牛病

主要有前胃弛缓、瘤胃积食、瘤胃臌气、瘤胃酸中毒、创伤性网胃腹膜炎、瓣胃阻塞、皱胃阻塞、皱胃左方变位、奶牛酮病等。鉴别诊断要点如下。

前胃弛缓：食欲降低或废绝，反刍减少或停止，瘤胃蠕动音减弱或消失，瘤胃内容物松软，严重时瓣胃蠕动音减弱或消失，全身状况相对良好，体温、脉搏、呼吸等生命指标无大的改变。

瘤胃积食：多因采食大量粗硬难消化的饲料或容易膨胀的饲料引起。腹围增大，瘤胃胀满，触诊瘤胃内容物坚硬、坚实，听诊瘤胃蠕动音减弱或消失。便秘，粪便干硬，色暗。

瘤胃臌气：腹部膨大，左肷部凸出，按压紧张有弹性，叩诊呈鼓音，呼吸困难。

瘤胃酸中毒：突然采食大量的谷类或其他富含碳水化合物的饲料而发病，瘤胃内容物胀满，后稀软，排酸臭稀粪；呼吸、心跳增数，体温正常或偏低，有的可出现蹄叶炎和神经症状；瘤胃液 pH 降至 6.0 以下。

创伤性网胃腹膜炎：异物进入网胃，刺伤网胃壁进而刺入腹膜而引起的创伤性炎症。病牛起卧、站立或行走时姿势异常；对网胃区触诊或叩诊时病牛表现敏感、疼痛。

瓣胃阻塞：鼻镜干燥、龟裂，瓣胃蠕动音减弱或消失，触诊瓣胃区敏感性增高。排粪减少，甚至停止，粪便干、硬、小、黑，像算盘珠或骆驼粪。

皱胃阻塞：发病缓慢，右侧皱胃区局限性膨隆，触压坚硬，皱胃蠕动音减弱或消失。随发病时间延长，瘤胃积液，左肷部听叩诊结合检查，呈现钢管音。

皱胃左方变位：皱胃通过瘤胃底部，移行至左侧腹腔，高产母牛较为常见，多发生于分娩后。左侧肋弓部突起，左侧腹部听诊可听到皱胃蠕动音，在左侧肋弓突起区域进行穿刺检查，穿刺液呈酸性反应（pH 为 1～4），棕褐色，缺乏纤毛虫。听叩诊结合检查可听到钢管音。

奶牛酮病：多发生于产后 2 个月内，泌乳量越高越容易发病。食欲降低，拒食精料，泌乳量下降，消瘦；乳汁、尿液、呼出气体有烂苹果味。

3.表现腹泻的牛病

主要有胃肠炎、犊牛消化不良、牛黏液膜性肠炎、棉籽饼（粕）中毒、菜籽饼（粕）中毒、有机磷中毒、牛副结核病、沙门氏菌病、大肠杆菌病、牛病毒性腹泻-黏膜病、恶性卡他热、牛弯杆菌性腹泻、牛球虫病、牛蛔虫病等疾病，鉴别诊断要点如下。

胃肠炎：体温升高，腹泻，粪便中混有黏液、血液和脱落的黏膜组织，有的混有脓液，气味恶臭，肠音增强。脱水，口腔干燥，有舌苔。

犊牛消化不良：通常不具传染性，分为单纯性消化不良和中毒性消化不良两种。单纯性消化不良，症状轻微，体温不升高，粪便形状表现多样，一般带酸臭气味，但无恶臭，全身症状不明显；中毒性消化不良，食欲废绝，体温升高，腹泻，粪便气味恶臭，脱水，肌肉震颤，全身症状重剧。

牛黏液膜性肠炎：排带黏液的腥臭粪便，几天后，腹痛加剧，排出较长的白色管状或索状黏液膜，排出后体温下降，症状也减轻。

有机磷中毒：有接触有机磷农药的病史。流涎，腹痛，腹泻，瞳孔缩小，肌肉震颤，呼吸困难，肺水肿。

菜籽饼（粕）中毒：有采食菜籽饼（粕）的病史。黏膜苍白、黄染，以胃肠炎、呼吸困难、血红蛋白尿及甲状腺肿大为特征。

棉籽饼（粕）中毒：轻度中毒，出现轻度胃肠炎的症状，腹泻。重度中毒，多数出现出血性胃肠炎，食欲减退或废绝，反刍停止，初便秘，后腹泻，排黑褐色粪便，混有黏液和血液，粪便恶臭。当病情进一步发展，皮下、四肢、颈下和胸前出现水肿，尿呈现红色、暗红色或酱红色。慢性中毒，主要表现为维生素 A 和钙缺乏的症状，食欲减少，消化紊乱，腹泻，血红蛋白尿，贫血和夜盲症。

牛副结核病：病程长，随发病时间延长，顽固性腹泻，粪便稀薄、恶臭，有气泡、黏液和血液凝块，严重时排粪呈喷射状。颌下、垂皮水肿。副结核变态反应阳性。

沙门氏菌病：体温升高，腹泻，粪中混有黏液、血液，呼吸困难，眼结膜充血、黄染，腹痛剧烈。粪检无虫卵。

大肠杆菌病：多发生于出生后数日内的犊牛。肠毒型的病犊，真胃内有大量的乳凝块，黏膜充血、水肿，褶皱部有出血。肠内容物混有血液、气泡、恶臭，小肠黏膜充血。

牛病毒性腹泻-黏膜病：急性体温升高，达 41～42℃，食欲降低，流浆液性鼻液，腹泻，消瘦，流涎；鼻镜、口腔黏膜糜烂，舌面坏死，恶臭，白细胞减少。有的伴有蹄叶炎及趾间皮肤糜烂坏死。

恶性卡他热：有传染性，散发，持续高热(41～42℃)，口腔糜烂，口、鼻流黏液，气味恶臭，呼吸增数，眼结膜、角膜发炎，角膜浑浊。腹泻，气味恶臭，排尿痛苦，尿频，尿淋漓，血尿。

牛弯杆菌性腹泻(牛冬痢或黑痢)：本病呈暴发性、发病急、传播快。典型症状是腹泻，排粪呈喷射状，排水样粪便，色呈棕色，内含大量气泡、血液或血凝块，腥臭。脉搏、呼吸数均正常，无并发症时体温不升高。

牛球虫病：多发生于 1 月龄以上的犊牛，病初体温升高，排带血稀粪，有恶臭，消瘦，贫血。粪中或直肠黏膜刮取物有虫卵。

牛蛔虫病：国内多见于南方各省，主要发生于 5 月龄以内的犊牛。腹泻，排大量黏液并具有特殊恶臭，咳嗽，消瘦及生长发育停滞。饱和盐水漂浮法检查粪便有虫卵。

4.表现有腹痛，排粪减少或停止的牛病

主要有瘤胃积食、瓣胃阻塞、皱胃阻塞、皱胃右方变位、肠便秘、肠变位等疾病，鉴别诊断要点如下。

瘤胃积食：多因采食大量粗硬难消化的饲料或容易膨胀的饲料引起。腹围增大，瘤胃胀满，触诊瘤胃坚硬、坚实，听诊瘤胃蠕动音减弱或消失。

瓣胃阻塞：鼻镜干燥、龟裂，瓣胃蠕动音减弱或消失，触诊瓣胃区敏感性增高。排粪减少，甚至停止，粪便干、硬、小、黑，像算盘珠或骆驼粪。

皱胃阻塞：发病缓慢，右侧皱胃区局限性膨隆，触压坚硬。随发病时间延长，瘤胃积液，左肷部听叩诊结合检查，呈现钢管音。

皱胃右方变位：突然发生腹痛，背腰下沉，右腹肋弓部膨胀，听叩诊结合检查有钢管音，冲击触诊有振水音；膨胀部位穿刺液为血样液体，pH 为 1～4。

肠便秘：病初腹痛，腹痛明显时，常卧地不起，中后期腹痛减轻或消失。呈里急后重，频频努责，排出少量白色胶冻样黏液；以拳冲击右腹侧出现振水音。

肠变位：突然出现腹痛现象，并很快转为剧烈持续性腹痛；病初排少量粪便，并混有黏液或血液；腹腔穿刺液呈粉红色或红色。全身症状迅速恶化。

5.听诊结合叩诊出现钢管音的牛病

主要有皱胃阻塞、皱胃左方变位，皱胃右方变位等疾病，鉴别诊断要点如下。

皱胃阻塞：发病缓慢，进行性消瘦，在左侧倒数 1～3 肋间叩诊，同时结合听诊，常出现钢管音，钢管音的音调高而清脆，范围大；右腹部皱胃区局限性膨大，瘤胃积液，严重脱水，代谢性碱中毒。

皱胃左方变位：高产母牛较为常见，多发生于分娩后。在左侧倒数 1～3 肋间，用手指叩击肋骨，同时在附近的腹壁上听诊，可听到类似铁锤叩击钢管发出的共鸣音——钢管音。左侧肋弓后上方有局限性膨隆，在此处穿刺，抽取部分内容物，其 pH 为 1～4，缺乏纤毛虫。左侧腹部可听到皱胃蠕动音。

皱胃右方变位：突然发生腹痛，背腰下沉，发病急，多发生在产后 3～6 周。粪便黑色，混有血液，右腹肋弓部膨大，冲击触诊有振水音，膨胀部位穿刺液为血样液体，pH 为 1～4。在右侧 7～13 肋及肋后缘，叩听诊结合可听到音质高朗的钢管音。发病 4～5 d 后，代谢性碱中毒，全身症状明显恶化。

6. 表现腹围增大的牛病

主要有瘤胃积食、瘤胃臌气、皱胃阻塞、瘤胃酸中毒、腹膜炎、腹腔积液、膀胱破裂、尿素中毒等疾病及妊娠，鉴别诊断要点如下。

瘤胃积食：左侧瘤胃上部饱满，中下部向外突出，内容物坚实，指压留痕。

瘤胃臌气：左肷部凸出，按压紧张有弹性，叩诊有鼓音，呼吸困难。

皱胃阻塞：发病缓慢，瘤胃积液，右侧皱胃区局限性膨隆，触诊皱胃区坚硬，有时排出少量糊状、棕褐色的恶臭粪便；在左侧倒数 1～3 肋间，听诊结合叩诊检查出现钢管音。

瘤胃酸中毒：有过食谷物饲料等精料的病史。瘤胃胀满，后稀软，瘤胃液 pH 降低，腹泻，脱水，卧地不起。

腹膜炎：站立时四肢集于腹下，拱背，强迫行走，步态小心，疼痛。呼吸浅表，呈胸式呼吸，触诊腹壁病畜疼痛。直肠检查，直肠中宿粪较多，可感到腹壁紧张，腹膜面粗糙。腹腔液量增多，颜色改变，浑浊，甚至恶臭。

腹腔积液：下腹部对称性膨大，腹腔穿刺，流出大量液体。

膀胱破裂：牛和阉牛膀胱和尿道结石，疼痛不安，不排尿，大量尿液流入腹腔，腹部对称性膨大，冲击触诊有振水音。皮肤、汗液都具有尿臭味。体温升高，最后陷于虚脱状态。

尿素中毒：有采食尿素的病史，瘤胃臌气，呼吸困难，兴奋不安。

妊娠：母畜妊娠后期下腹部向外侧方膨隆，触压腹壁可以感到胎动。

【考核评价】

瘤胃酸中毒的病因分析和预防措施

一、考核题目

瘤胃酸中毒是集约化养殖过程中危害奶牛的重要疾病之一，发病率很高，尤其是亚急性或慢性瘤胃酸中毒。瘤胃酸中毒使奶牛干物质的摄入量减少，瘤胃微生物区系紊乱和瘤胃消化机能降低，产奶量下降，生产效率降低。当瘤胃 pH 长期处于较低水平时，还可引起瘤胃黏膜损伤、瘤胃炎、蹄叶炎、腹泻和肝脓肿等，所以危害很严重。因此，采取积极的预防措施具有重要的意义。

武威市凉州区某牛场给 85 头处于泌乳中后期的奶牛大量饲喂甜玉米芯（带有较多玉米粒）后，有 52 头奶牛出现不同程度的反刍障碍、腹泻、跛行、瘤胃臌气、瘤胃积液等临床症状，其他牛症状不明显。兽医人员根据患牛临床症状、实验室检验和日粮分析，确诊为瘤胃酸中毒，经治疗后痊愈。根据以上病例，请你分析养殖过程当中引起牛瘤胃酸中毒的病因及制订出预防瘤胃酸中毒的措施。

二、考核标准

(一)病因

饲养管理不当是引起瘤胃酸中毒的主要病因。

能引起瘤胃酸中毒的物质有：谷物饲料（如玉米、大麦、小麦、燕麦、高粱、稻谷等），块根类饲料（如马铃薯、红薯、甜菜等），面食品（如生面团、馒头等），酿造副产品（如淀粉渣、酒渣、豆腐渣等），水果类（如苹果、梨等）。特别是粉碎后的谷物，在瘤胃内高度发酵，更易产生大量的乳酸而引起瘤胃酸中毒。

饲养管理不当是反刍动物采食过量碳水化合物饲料的条件，如为了提高产奶量、生长速度或催肥，突然增加精料，缺乏适应期；精料保管不当而被动物偷食；饲料混合不均而采食精料过多；动物饥饿后自由采食；精料饲喂量过于随意；霉败的粮食人不能食用时大量饲喂动物等。

本病发生的严重程度与饲料种类、加工方法及动物机体的状况密切相关。小麦、大麦、玉米比燕麦和高粱的毒性大，粉碎可增加毒性。

(二)预防措施

1. 加强饲养管理，控制碳水化合物饲料的采食量

这是预防反刍动物瘤胃酸中毒的主要措施，日粮供应要合理，严格控制精料喂量，精粗比例要平衡，不能随意加料或补料，一定要保证充足干草的供应量。在养牛生产中由高粗饲料向高精饲料转变要逐渐进行，通常需要2～4周的过渡期，使瘤胃能逐渐适应饲料的变化。

不同泌乳时期的奶牛应采用分群管理的措施，应严格按照不同时期奶牛营养需要配制日粮。

2. 中和瘤胃产生的部分有机酸

目前常用的措施是在日粮中直接添加碳酸盐等缓冲剂和增加日粮中有效中性洗涤纤维的含量。实践证明，在肥育牛和泌乳初期奶牛的日粮中添加0.8%～1.5%的碳酸氢钠（以精料干物质为基础），泌乳牛日粮中性洗涤纤维含量不低于15%（以干物质为基础），肉牛日粮中性洗涤纤维含量不低于8%，都能有效控制瘤胃乳酸的产生。

3. 调控瘤胃有机酸的产生

离子载体类抗生素（莫能霉素等）可以通过降低挥发性脂肪酸和乳酸的生成来提高瘤胃pH，能有效地防止瘤胃酸中毒。所以可在肥育牛的精料中添加莫能霉素，莫能霉素是离子类载体，能有效降低瘤胃甲烷、挥发性脂肪酸和乳酸的产生，防止瘤胃酸中毒的发生，剂量为30 mg/kg体重。同时在日粮中添加泰乐菌素，每日每头90 mg，可预防肝脓肿的发生。

【知识链接】

瘤胃内容物疗法

瘤胃内容物疗法是指从健康牛的瘤胃内将具有高度活性微生物群的瘤胃内容物取出，投入病牛瘤胃内，借以增加病牛瘤胃内微生物群及其活性，从而使病牛瘤胃微生物消化恢复正常，促进分解、合成和吸收功能，以恢复瘤胃内的消化机能，借以治疗某些疾病。

［应用］

主要用于前胃弛缓、瘤胃臌气、瘤胃积食、瘤胃酸中毒、奶牛酮病等疾病的治疗；或瘤胃内容物检查时的病料采集。

［准备］

圆木开口器(图 2-7)、胶管(长 3 m，直径 1.5～2.0 cm)、吸引唧筒、采集瓶、供体牛等。

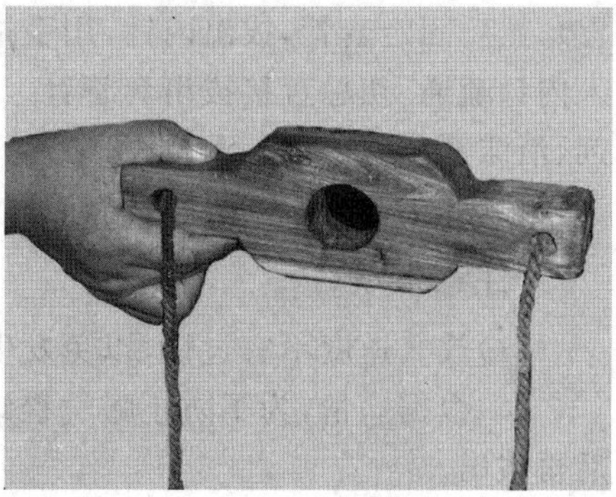

图 2-7　圆木开口器

［方法］

(1)柱栏内站立保定，给牛固定好圆木开口器。

(2)采集健康牛的瘤胃内容物。胃导管前端涂以润滑剂，然后通过圆木开口器的圆孔插入胃导管至瘤胃内，而后胃导管外端接上吸引唧筒抽取瘤胃内容物，收集于采集瓶中。抽吸时如前端阻塞，可用力吹入空气或前后轻轻抽动胃导管疏通。也可待健康牛反刍时从其口腔直接采集食团。用于治疗的采集量一次为 3～5 L 或更多，用于诊断的采集量一般为 100～200 mL。

(3)给病牛投服。将采集的健康牛瘤胃内容物立即投入病牛的瘤胃内。最好边采边投，可用胃导管直接投服，操作方法同胃管投药法，也可经口直接投服。根据病情 1 次/d，一次投服量一般为 3～5 L 或更多。

［注意事项］

(1)最好选择与病牛在同一环境、同一饲料及同一饲养条件的健康牛作为供体。因它们的微生物群相同，到病牛胃内活性不减，可继续增殖而发挥作用。

(2)给病牛投给瘤胃内容物后，要加强饲养管理，给予优质的干草、青草或青贮饲料，以增强瘤胃内微生物群的活性。

(3)根据病情应结合其他药物进行对因和对症治疗。

瘤胃穿刺术

［应用］

用于急性瘤胃臌气时的急救排气和向瘤胃内注入药液。

［准备］

大套管针或大动物静脉注射针头等。

［部位］

在左侧肷窝部，由髋结节向最后肋骨中点所引连线的中点，也可选在瘤胃隆起最高点穿刺。

二维码 2-5　套管针

二维码 2-6　瘤胃穿刺部位

［方法］

站立保定，术部剪毛消毒。术者用左手将局部皮肤稍向前移，右手持套管针向对侧肘头方向迅速刺入瘤胃（必要时可先用手术刀在术部皮肤做一小切口，以便于使套管针刺入瘤胃），然后固定套管，拔出内针，用手指堵住管口，间断排出瘤胃内的气体。若套管堵塞，可插入内针疏通，切忌直接拔出套管针。气体排出后，为防止复发，可经套管向瘤胃内注入制酵剂、消沫剂，如鱼石脂、酒精、松节油、二甲基硅油等。

拔出套管针时应先插入内针，同时压定针孔周围的皮肤，再拔出套管针，然后消毒处理。

［注意事项］

(1)放气速度不宜过快，以免发生急性脑贫血。

(2)根据病情，为了防止臌气继续发展，避免重复穿刺，可将套管针固定，留置一定时间后再拔出。

(3)穿刺放气时，应注意防止发生针孔局部感染和继发腹膜炎。

(4)经套管注入药液时，注药前一定要确切判定套管是否在瘤胃内。

瓣胃注射术

［应用］

将药物直接注入瓣胃中，使其内容物软化通畅。主要用于治疗瓣胃阻塞。

［准备］

瓣胃穿刺针、注射器、注射用药品（液体石蜡、10%～20%硫酸镁、生理盐水、植物油等）。

［部位］

瓣胃位于右侧第 7～10 肋间，其注射部位在右侧第 9 肋间与肩关节水平线交点上下 2 cm 范围内。

［方法］

(1)动物站立保定，瓣胃注射处剪毛、消毒。

(2)术者持瓣胃穿刺针垂直刺入皮肤后，针头斜向对侧肘头方向（左前下方）刺入，刺入深度 8～10 cm，当刺入瓣胃内则阻力减小，并有沙沙感。为判断针头是否刺入瓣胃内，可先连接吸入生理盐水的注射器，向瓣胃内注入少量（20～40 mL）生理盐水，再回抽，如混有食糜或被食糜污染的液体时，即为正确。可注入所需药物（如 10%～20%硫酸镁溶液 500～1 000 mL，生理盐水 2 000 mL，液体石蜡 500 mL）。注射完毕，迅速拔出针头，术部涂擦碘酊消毒。

［注意事项］

(1)操作过程中宜将病畜确实保定，注意安全，以防意外。

(2)注射中病畜骚动不安时，要确实判定针头是否在瓣胃内，而后再行注入药物。

(3)在针头刺入瓣胃后，回抽注射器，如有血液或胆汁，是误刺入肝脏或胆囊，表明位置过高或针头偏向上方的结果。这时应拔出针头，另行偏向下方刺入。

导胃与洗胃术

[应用]

主要用于牛的瘤胃积食、前胃弛缓或瘤胃酸中毒时排出胃内容物，或用于胃炎的治疗和吸取胃液供实验室检查等。

[准备]

粗胃导管(内径应为 2 cm)、开口器、39～40℃温水。此外根据需要还可用 2%～3%碳酸氢钠溶液或石灰水溶液、1%～2%食盐水、0.1%高锰酸钾溶液等。还应备吸引器。

[方法]

(1)先用胃管测量到胃内的长度(从牛唇至倒数第 5 肋骨)，并做好标记。

(2)装好开口器，固定好头部。

(3)从口腔徐徐插入胃管，到胸腔入口及贲门时阻力较大，应缓慢插入，以免损伤食管黏膜。必要时可灌入少量温水，待贲门弛缓后，再向前推送入胃。胃管前端经贲门到达胃内后，阻力突然消失，此时可有酸臭味气体或食糜排出。如不能顺利排出胃内容物时，可装上漏斗灌入温水，待漏斗内水快流完时，迅速把漏斗放低，并同时压低牛头部，借虹吸作用排出胃内容物，或用吸引器抽出胃内容物。如此反复多次，逐渐排出胃内大部分内容物，直至病情好转为止。

二维码 2-7　装好开口器，投送胃管至胃

(4)治疗胃炎时，导出胃内容物后，要灌入防腐消毒药。

(5)冲洗完后，缓慢抽出胃管，解除保定。

[注意事项]

(1)操作中要注意安全，胃管长度和粗细要适宜。

(2)洗胃后，可投服健康牛胃液或投服健康牛的反刍食团。

(3)瘤胃积食宜反复灌入大量温水，方能洗出胃内容物。

灌肠术

[应用]

灌肠是向直肠内注入药液、营养液、温水、肥皂水等，直接作用于肠黏膜，使药液、营养液被吸收或排出宿粪，以及除去肠内分解产物与炎性渗出物，达到治疗疾病的目的。

[准备]

灌肠器或胶管、灌肠液(微温水、肥皂水、食盐水、0.1%高锰酸钾溶液、2%硼酸溶液)等。治疗用溶液根据病情而定，营养溶液可备葡萄糖溶液、淀粉浆等。

[方法]

(1)大动物于柱栏内站立保定，用绳子吊起尾巴。

(2)根据动物体格选用合适的灌肠器或表面光滑的胶管，从肛门缓缓插入直肠深部，另一端接上漏斗并高举，然后将药液倒入漏斗内，药液则徐徐流入肠管中。在灌注过程中，轻轻前后移动胶管，防止粪球堵塞管口，并随时用手指刺激肛门周围，使肛门紧缩，防止注入的

溶液流出。灌完后取出胶管,放下尾巴。

[**注意事项**]

(1)直肠内存有宿粪时,应掏出宿粪,再进行灌肠。

(2)胶管及断端应整齐平滑,适当涂擦润滑剂,防止粗暴操作,以免损伤肠黏膜或造成肠穿孔。

(3)溶液注入后由于排泄反射,易被排出。为防止排出,用手压迫尾根肛门,或于注入溶液的同时,以手指刺激肛门周围,也可按摩腹部。较好的办法是用塞肠器压迫肛门。

Project 3

呼吸系统疾病

学习目标

(1)了解呼吸系统疾病的一般发病规律,熟悉常用诊疗方法及药物。

(2)了解感冒、支气管炎、支气管肺炎、异物性肺炎的概念、病因,掌握其症状、诊断、治疗及预防。

【学习内容】

任务二十　感冒

感冒是由于寒冷作用引起以上呼吸道炎症为主的急性热性全身性疾病，俗称“伤风”。一年四季都可发生，但以早春和晚秋、气候剧变时多发。临床上主要表现为体温升高，咳嗽，流鼻液等。

［**病因**］

本病最常见的原因是寒冷因素的作用。如受贼风侵袭，在寒冷气候条件下露宿，运动出汗后被雨淋风吹等。此外，长途运输，过劳及营养不良等，都可使机体抵抗力降低，致使呼吸道内的常在菌得以大量繁殖，而引起本病。

［**症状**］

常在寒冷作用后，突然发病。病牛精神沉郁，前胃弛缓，食欲减退，舌苔薄白，反刍减少或停止，瘤胃蠕动减弱。体温升高，眼结膜潮红，流泪，眼睑轻度浮肿，耳尖、鼻端发凉，皮温不均。鼻黏膜充血，鼻塞，病初流浆液性鼻液，后转为黏液性或黏液脓性鼻液。咳嗽，呼吸加快，肺泡呼吸音增强。并发支气管炎时，出现干啰音、湿啰音。如不及时治疗，特别是幼畜，可继发支气管肺炎。

［**诊断**］

根据受寒病史，体温升高，皮温不均，流鼻液，流泪，咳嗽，前胃弛缓等症状可初步诊断。在鉴别诊断上，要注意与流行性感冒相区别。流行性感冒是由病毒引起的，有传染性，体温突然升高到 40～41℃，全身症状较重，传播迅速，往往大批发生。

［**治疗**］

本病治疗以解热镇痛为主，为了防止继发感染，适当抗菌消炎。

解热镇痛，可应用 30%安乃近注射液 20～40 mL 或复方氨基比林注射液 30～40 mL，肌肉注射，1～2 次/d；或柴胡注射液 20～40 mL，肌肉注射，1～2 次/d。

抗菌消炎，当病情较重有合并感染时，配合抗菌药物等治疗。青霉素 1 万～2 万 IU/kg 体重，肌肉注射，2 次/d；或 10%磺胺嘧啶钠注射液 100～150 mL，静脉注射，1～2 次/d。

中药治疗以解表清热为原则。

风热感冒（体表灼热，出汗，黏膜潮红，鼻液黏稠，口干喜饮，干痛咳嗽，气短促，尿短赤），以辛凉解表，祛风清热为主，可用银翘散：银花 45 g，连翘 45 g，桔梗 24 g，薄荷 24 g，牛蒡子 30 g，豆豉 10 g，竹叶 30 g，芦根 45 g，荆芥 30 g，甘草 18 g，水煎灌服，咳嗽较重，加杏仁、贝母。

风寒感冒（发热较轻，咳嗽，鼻流清涕，舌苔薄白，肌肉颤抖），以辛温解表，疏散风寒为主，可用杏苏散：杏仁 18 g，桔梗 30 g，紫苏 30 g，半夏 15 g，陈皮 21 g，前胡 24 g，甘草 12 g，枳壳 21 g，茯苓 30 g，生姜 30 g，大枣 15 g，共为细末，开水冲服。

［**预防**］

加强耐寒锻炼，增强机体抵抗力。防止突然受寒，建立合理饲养制度。气候骤变时，要有防寒措施。

任务二十一　支气管炎

支气管炎是支气管黏膜的炎症。按病程可分为急性和慢性两种。临床上以不定型热、咳嗽、流鼻液为特征。寒冷季节或气候突变时容易发病。

[病因]

1. 感染

主要是受寒感冒，导致机体抵抗力降低，一方面细菌、病毒直接感染，另一方面呼吸道寄生菌（如肺炎球菌、巴氏杆菌、链球菌、葡萄球菌、化脓杆菌、副伤寒杆菌等）或外源性非特异性病原菌乘虚而入，呈现致病作用。也可由上呼吸道感染的细菌和病毒蔓延而引起。

2. 物理、化学因素

吸入过冷的空气、粉尘、刺激性气体（如二氧化硫、氨气、烟雾等）均可直接刺激支气管黏膜而发病。投药或吞咽障碍时由于异物进入气管，也可引起吸入性支气管炎。

3. 继发性因素

在流行性感冒、牛口蹄疫、恶性卡他热、肺丝虫等疾病过程中，常表现支气管炎的症状。另外，喉炎、肺炎及胸膜炎等疾病时，由于炎症蔓延，也可继发支气管炎。

4. 诱因

牛舍卫生条件差、通风不良、闷热潮湿、营养不良、过劳、维生素 A 和维生素 C 的缺乏，常成为支气管炎的诱因。

[症状]

1. 急性支气管炎

咳嗽是本病的主要症状。病初呈干、短、痛咳，以后呈湿咳。病初流浆液性鼻液，以后流黏液性或黏脓性鼻液。胸部听诊，肺泡呼吸音普遍增强，可听到干啰音、湿啰音。全身症状轻微，体温正常或轻度升高（0.5～1.0℃），一般持续 2～3 d 后下降，呼吸、脉搏稍增数。

2. 急性细支气管炎

一般与大支气管炎合并发生，故通常呈现弥漫性支气管炎的特点。全身症状较重，患牛精神沉郁，食欲减退或废绝，体温升高 1～2℃，脉搏增数，呼吸高度困难，结膜呈蓝紫色，有时咳嗽。胸部听诊，肺泡呼吸音增强，可听到干啰音、湿啰音。继发肺气肿时，呈过清音，肺叩诊界后移。

3. 腐败性支气管炎

除具有急性支气管症状外，全身症状重剧，呼吸困难，呼出气带恶臭味，两侧鼻孔流出污秽不洁和有腐败臭味的鼻液。

4. 慢性支气管炎

病程长，病情时轻时重，常发咳嗽，咳嗽可持续数月甚至数年，一般在清晨、夜间、采食、运动或气温骤变时症状加重。胸部可长期听到啰音。无并发症时，一般全身症状不明显。后期因支气管黏膜结缔组织增生变厚，管腔变狭窄，常继发肺气肿，则长期呈现混合性呼吸困难。由于长期食欲不振和疾病消耗，病牛逐渐消瘦，有的发生贫血。

［**诊断**］

根据病史，结合咳嗽，流鼻液和肺部出现啰音等呼吸道症状即可初步诊断。

［**治疗**］

本病的治疗原则主要是消除病因，消除炎症，祛痰止咳。

加强护理，去除致病因素，使病牛充分休息，置于通风良好、清洁、温暖的厩舍中，给予多汁易消化的饲料，供给充足的清洁饮水。

祛痰止咳。当频发咳嗽，分泌物黏稠不易咳出时，用溶解性祛痰剂，如氯化铵 20 g，杏仁水 40 mL，远志酊 50 mL，温水 500 mL，一次内服；碳酸氢钠 50～80 g，远志酊 50～80 mL，温水 500 mL，一次内服。若分泌物不多，但咳嗽频繁且疼痛者，可选用镇痛止咳剂，复方甘草合剂 100～150 mL，内服，1～2 次/d

消除炎症。可选用抗生素或磺胺类药物，应选用敏感性高的抗菌药物。病初应用青霉素有效，与链霉素并用效果更佳。青霉素，1 万～2 万 IU/kg 体重，肌肉注射，2 次/d。配合应用氢化可的松或地塞米松能提高消炎效果。也可用青霉素 200 万 IU，链霉素 100 万 IU、注射用水 10～20 mL，进行气管注射，1 次/d。

重症病例或对青霉素、链霉素产生耐药性时，应选用广谱抗生素，如四环素、卡那霉素、新霉素、土霉素等。四环素，5～12 mg/kg 体重，一次静脉注射，2 次/d；卡那霉素，15 mg/kg 体重，肌肉注射，2 次/d；新霉素，4 mg/kg 体重，肌肉注射，2 次/d；土霉素 2.5 g，溶于生理盐水 500 mL，一次静脉注射，2 次/d；磺胺二甲嘧啶，200 mg/kg 体重，一次口服，1 次/d。另外，还可选用喹诺酮类(氧氟沙星、环丙沙星等)及头孢菌素类药物。

中药疗法：外感风寒引起者，宜疏风散寒，宣肺止咳，可选用紫苏散：紫苏 25 g，荆芥 25 g，防风 25 g，陈皮 25 g，茯苓 25 g，桔梗 25 g，姜半夏 20 g，麻黄 15 g，甘草 15 g，共研末，生姜 30 g，大枣 10 枚为引，一次开水冲服。

外感风热引起者，宜疏风清热，宣肺止咳，可选用款冬花散：款冬花 30 g，知母 30 g，浙贝母 30 g，桔梗 30 g，桑白皮 30 g，地骨皮 30 g，黄芩 30 g，金银花 30 g，杏仁 20 g，马兜铃 24 g，枇杷叶 24 g，陈皮 24 g，甘草 12 g，共研末，一次开水冲服。也可用桑菊银翘散：桑叶 25 g，杏仁 25 g，桔梗 25 g，薄荷 25 g，菊花 30 g，银花 30 g，连翘 30 g，生姜 20 g，甘草 15 g，共研末，一次开水冲服。

［**预防**］

加强饲养管理，减少各种应激因素对呼吸道的刺激，饲料品质要好，营养要全面，防止感冒，避免机械性或化学性刺激。冬春季要加强牛舍的保温，增强机体体质，提高抗病能力。

任务二十二　支气管肺炎

支气管肺炎是由非特异性病原微生物感染引起的以细支气管和肺泡内浆液渗出和上皮细胞脱落为特征的炎症。由于肺泡内积聚脱落的上皮细胞、血浆与白细胞组成的卡他性炎性渗出物，因而又称卡他性肺炎。在多数病例中，炎症首先始于支气管，继而蔓延到细支气管及其所属的肺小叶，故亦称小叶性肺炎。临床上以弛张热型，咳嗽、呼吸数增多，听诊有啰音、捻发音，叩诊有散在的局灶性浊音区等为特征。春、秋两季多发，犊牛更容易发病。

［**病因**］

支气管肺炎通常是由感冒及支气管炎进一步发展而成。因此，凡能引起感冒和支气管炎的致病因素均可促使本病的发生，如受寒感冒，某些营养物质缺乏，长途运输，吸入刺激性的气体，药物误投入气管等，使机体抵抗力降低，呼吸道的防御机能减弱，为呼吸道的各种内源性与外源性微生物的生长和繁殖创造了有利条件，引起炎症过程。

另外，本病还继发于某些传染病（如流行性感冒、牛恶性卡他热、出血性败血症等）、寄生虫病（如肺线虫病、蛔虫病等）和某些化脓性疾病（如乳房炎、子宫炎等）经过中。

［**症状**］

病初呈现急性支气管炎的症状，呈短、干、痛性咳嗽，以后转为湿性咳嗽。流浆液性或黏液性或脓性鼻液，初期及末期鼻液量较多。

随病情的发展，全身症状逐渐加重，精神沉郁，食欲减退或废绝，眼结膜潮红或发绀，泌乳量减少，喜站立不动，头颈伸直，呼吸加快，可达 40～90 次/min，有时张口呼吸（图 3-1），往往呈现混合性呼吸困难。

图 3-1　病牛呼吸困难，张口呼吸

体温升高，多呈弛张热型。病初 2～3 d 体温逐渐上升，可达 40℃以上，以后 2～3 d 又逐渐下降，但随即又再度上升。脉搏随体温的变化而变化，病初稍强，以后变弱，脉搏可增至 60～100 次/min。

胸部听诊：病灶部肺泡呼吸音减弱或消失，可听到捻发音；健康部位肺泡呼吸音代偿性增强。以后，随着炎性渗出物性质改变可听到干啰音或湿啰音，当肺泡和细支气管内完全充满渗出物时，肺泡呼吸音消失，有时出现支气管呼吸音。

胸部叩诊：当病灶位于肺的表面，可出现一个或数个局灶性小浊音区，其部位多在胸壁前下方区域内；若病灶位于肺的深部，则浊音不明显。

血液检查，白细胞总数增多，中性粒细胞比例增大，核左移。

X 线检查，肺纹理增粗，肺野可见到散在的阴影，此种阴影大小不等，似云絮状，甚至扩散融成一片，但密度多不均匀。

［**诊断**］

根据弛张热型，全身症状明显，胸部听诊有捻发音、啰音，局灶性肺泡呼吸音减弱或消失，胸部叩诊呈局灶性浊音区，X 线检查出现散在的局灶性阴影等，可做出诊断。但需与细支气管炎、纤维素性肺炎、肺结核等疾病鉴别。

［**治疗**］

治疗原则为加强护理，抗菌消炎，祛痰止咳，制止渗出和促进渗出物吸收及排出，对症治疗。

1. 加强护理

将病牛置于通风良好、光线充足、温暖的厩舍中。给予富含营养、多汁易消化的饲料及清洁的温水。

2. 消除炎症

临床上主要应用大剂量的抗生素和磺胺类药物进行治疗，用药途径及剂量视病情轻重及有无并发症而定。常用的抗生素为青霉素、链霉素、卡那霉素、红霉素、林可霉素和广谱抗生素土霉素、四环素等；氟喹诺酮类药物（环丙沙星、恩诺沙星等）疗效显著。抗生素胸腔注射或气管注射，疗效较佳。有条件的可在治疗前取鼻分泌物做细菌的药敏试验，以便对症用药。

3. 祛痰止咳

祛痰止咳药的应用时机和用药方法，同支气管炎的治疗。

4. 制止渗出，促进渗出物的吸收和排出

制止渗出可静脉注射 10%氯化钙 100～150 mL 或 10%葡萄糖酸钙 500 mL，促进炎性渗出物吸收和排出可应用利尿剂（双氢克尿噻等）、10%安钠咖等。

5. 对症治疗

解热，补液，纠正水、电解质和酸碱平衡紊乱，健胃等。输液量不宜过大，速度不宜过快，以免发生心力衰竭和肺水肿。对病情危重、全身毒血症严重的病牛，可短期（3～5 d）静脉注射氢化可的松或地塞米松等糖皮质激素。

中药疗法：可选用加味麻杏石甘汤：麻黄 15 g，杏仁 8 g，生石膏 90 g，二花 30 g，连翘 30 g，黄芩 24 g，知母 24 g，元参 24 g，生地 24 g，麦冬 24 g，花粉 24 g，桔梗 21 g，共为研末，蜂蜜 250 g 为引，一次开水冲服。

［预防］

加强饲养管理，圈舍要保持清洁卫生、通风良好且温暖，避免雨淋受寒、过劳等诱发因素。供给全价日粮，减少应激因素的刺激，增强机体抗病能力。及时治疗原发病。

任务二十三　异物性肺炎

异物性肺炎是因异物（如食物、呕吐物或药物等）误咽入肺脏而引起的炎症，又称吸入性肺炎。或在肺炎基础上感染腐败菌，出现以肺组织坏死和腐败分解为特征的肺炎时，成为坏疽性肺炎或肺坏疽。临床上以发病急，咳嗽，呼吸极度困难，鼻流脓性、腐败恶臭的鼻液，肺部出现明显的湿啰音并伴有重剧的全身症状为特征。各种动物均可发生。

［病因］

本病通常多因吸入或误咽入呼吸道内的异物等而引起。

（1）投药方法不当是常见的病因，如胃管投药操作失误，将药物误投入气管；经口灌药，尤其是灌服刺激性药物（酒精、松节油等）操作麻痹大意，灌药时太快、头位过高、舌头伸出、动物咳嗽及挣扎等均可使动物不能及时吞咽，药物吸入呼吸道而发病。在西北的许多地方，有每年在惊蛰或清明节前后给牛灌服清油萝卜的习惯，因操作不当吸入呼吸道而发病。

（2）当患吞咽障碍的疾病，如咽炎、咽麻痹、食道阻塞、破伤风、生产瘫痪、李氏杆菌病、麻醉或昏迷等疾病时，都有可能使唾液、黏液、小块饲料、呕吐物、反刍物及其他异物等吸入或误咽入呼吸道而发病。

（3）吸入大量有害气体如浓烟、灰尘、氨气等。

(4)难产时胎儿吸入羊水。

[症状]

异物直接由气管入肺者，发病急，立即出现惊恐不安，咳嗽，呼吸急速而困难，严重者很快窒息死亡。其他原因引起时，疾病发展较为缓慢，且具有原发病的症状。

由于异物对气管和肺组织的刺激而发生咳嗽，呼吸急速，随着呼吸运动胸腹部出现明显的起伏动作或呈腹式呼吸，严重者呼吸困难，并从两侧鼻孔中流出多量带有异物颜色和气味的鼻液，呼出气也带有异物和气味，这种情况随着低头或咳嗽而明显。以后由于肺组织坏死和腐败分解，呼出气带有腐败性臭味，两鼻孔流污秽不洁的恶臭鼻液，镜检可发现弹力纤维(肺组织的分解产物)。

二维码 3-1　病牛呼吸极度困难

肺部听诊，病初多在肺的前下部听到明显的湿啰音(比一般肺炎明显)；肺部叩诊，病初在肺前下部叩诊音低沉呈浊音、半浊音；当肺组织溶解形成空洞叩诊呈鼓音；若空洞周围被致密组织所包围，其中充满空气，叩诊呈金属音；若空洞与支气管相通，叩诊则呈破壶音。病灶小或在深部则无明显变化。

体温升高至 40℃以上，精神高度沉郁，脉搏快、弱且节律不齐。白细胞总数显著增多。X 线检查，肺组织浸润有局灶性阴影。

[诊断]

本病根据病史，发病急、快，呼吸极度困难，鼻孔中流出脓性、腐败性鼻液等可做出诊断。如能结合肺部听诊、叩诊及 X 线检查更好。鼻液镜检发现弹力纤维及肺组织碎片也是确诊的方法之一。诊断时，应与腐败性支气管炎及副鼻窦炎相鉴别。

[治疗]

一旦发病应立即抢救。其治疗原则是迅速排除异物，抗菌消炎，制止肺组织的腐败分解。

1. 排除异物

当发现病牛有误咽的可疑或确已将药液误投入肺时，应立即将病牛保持前低后高的体位，并将头部放低(卧地不起时垫高后躯)，以便借咳嗽的力量，把部分异物或药液咳出。也可用 2%盐酸毛果芸香碱 5～10 mL，皮下或肌肉注射，使气管分泌物增加；与此同时，可反复注射兴奋呼吸中枢的药物，如樟脑磺酸钠 10～20 mL，皮下或静脉注射，每 4～6 h 一次，促使异物迅速排出。

必要时，做低位气管切开术，并用吸引器经切口抽吸误咽入气管深部的异物。

2. 抗菌消炎，制止肺组织的腐败分解

可用大剂量的抗生素(青霉素、链霉素、氨苄青霉素、四环素和头孢菌素等)或磺胺类药物，如青霉素 200 万～400 万 IU，链霉素 1～2 g，0.25%普鲁卡因 50～100 mL，混合，气管注射，1 次/d，连用 2～4 d。

此外，还应实施制止渗出，解热镇痛，强心补液，调节酸碱和电解质平衡，补充能量等治疗措施。

3. 中兽医治疗

苇茎汤对治疗坏疽性肺炎有一定疗效：芦根 250 g，薏苡仁 60 g，冬瓜子 90 g，桃仁 30 g，桔梗 60 g,鱼腥草 60 g,酌加金银花、连翘等。水煎或开水冲调,一次内服。

[**预防**]

本病发展迅速,病情难以控制,总体来讲,临床治疗效果不理想,死亡率很高。因此,预防本病的发生就显得十分重要。

对吞咽障碍的病牛,不应强制性经口投药。经口、鼻投药时,要严格遵守投药规定,防止投入气管内。麻醉或昏迷的动物在未完全清醒时,不应让其进食或投服药物。

【案例分析】

分析以下案例,根据病史和临床检查,提出初步诊断,制订治疗措施(开出处方)。

案例 1 1 头 3 月龄犊牛,精神沉郁,食欲减退或废绝,喜卧。体温 40.5℃,眼结膜潮红,脉搏快而弱,呼吸困难,腹式呼吸明显,咳嗽,两侧鼻孔流出浆液性鼻液,肺部听诊啰音明显,听诊心率在 130 次/min 以上。

案例 2 主诉:牛发病已 2 d,呼吸急促,咳嗽。临床检查:病牛精神沉郁,食欲废绝,反刍停止,眼结膜潮红,鼻镜干燥,行走无力,后肢肌肉震颤,瘤胃轻度臌气,伴有咳嗽,鼻流清涕,粪便较干。体温 40.3℃,呼吸 48 次/min。听诊瘤胃蠕动音极弱,触诊瘤胃内容物松软。

案例 3 犊牛,2 日龄,出生前难产,助产 60 min。出生后呼吸困难,呈腹式呼吸,眼结膜、口腔黏膜轻度发绀,咳嗽时从鼻腔及口腔流出大约 5 mL 羊水样泡沫样液体,气味恶臭。听诊肺部有明显的湿啰音,体温 40.5℃。

案例 4 患牛精神沉郁,食欲废绝,呼吸困难,呼出的气体稍带有异味,流黏液性鼻液,偶有咳嗽。呼吸数 82 次/min,体温 40.2℃,心率 84 次/min。肺区听诊:肺下部的肺泡呼吸音弱,有捻发音,肺区上部的肺泡呼吸音亢盛,有湿性啰音。瘤胃蠕动音弱,反刍停止。

【知识拓展】

表现呼吸道症状的牛病

1. 表现咳嗽,流鼻液,呼吸异常,体温升高的牛病

主要有感冒、支气管炎、支气管肺炎、大叶性肺炎、吸入性肺炎、日射病及热射病、巴氏杆菌病、牛恶性卡他热、牛副流行性感冒、牛传染性胸膜肺炎、牛传染性鼻气管炎、结核病、网尾线虫病等。

感冒:有受寒病史,咳嗽,流鼻液。体温升高,结膜潮红,皮温不均,末梢发凉,寒战。听诊肺泡呼吸音增强。

支气管炎:急性支气管炎时,主要表现为咳嗽、流鼻液,全身症状不明显。细支气管炎时,全身症状重剧,体温升高,呼吸困难,可视黏膜发绀,胸部听诊,可听到干啰音、捻发音和小水泡音。慢性支气管炎时,主要是长期的干咳。

支气管肺炎:体温升高,弛张热型,肺区叩诊有局灶性浊音,听诊有啰音、捻发音。X 线检查,有局灶性小的阴影。

大叶性肺炎:高热稽留,铁锈色鼻液,肝变期叩诊有大片浊音,听诊有支气管呼吸音。X

线检查，有明显的广泛性阴影。

吸入性肺炎：体温升高，高度呼吸困难，流污秽、恶臭、含弹力纤维的鼻液，肺部出现明显的啰音。

日射病及热射病：多在炎热季节发病，呼吸急促，脉搏快速，体表静脉怒张，体温显著升高，心肺机能障碍，精神抑制，步态不稳。如治疗得当，迅速康复。

巴氏杆菌病：有传染性，急性型体温高达 41℃，呼吸困难，咳嗽，流浆液性、黏液脓性鼻液，肺部可听到啰音。头、颈、咽喉、前胸、甚至前肢皮下炎性水肿，大量流涎，流泪，腹泻，粪便恶臭，混有黏液和血液。

牛恶性卡他热：有传染性，持续高热（41～42℃），呼吸急促，困难，流鼻液，鼻液浓稠，脓样能形成黄色长线垂及地面。眼结膜充血、羞明，流泪，角膜混浊；口腔黏膜、齿龈等坏死、糜烂，流臭涎。腹泻，粪便含黏液、血液，恶臭。

牛副流行性感冒：多发生于长途运输或舍饲牛，体温高达 41℃以上，流脓性鼻液，咳嗽，呼吸困难，大量流泪，脓性结膜炎，听诊肺前下部有纤维素性胸膜炎和支气管肺炎症状。有的发生黏液性腹泻。采取双份血清做副流感的中和试验或血凝抑制试验，如抗体滴度增加 4 倍或以上即为阳性。

牛传染性胸膜肺炎（牛肺疫）：有传染性，新区可暴发流行，老疫区多为散发，体温高（40～42℃），呼吸困难，咳嗽，胸部听诊有摩擦音、啰音，流脓性鼻液，垂皮、腹下水肿。病料涂片镜检可见丝状支原体。

牛传染性鼻气管炎：又称坏死性鼻炎，有传染性，体温 40℃以上，秋、冬季发病，咳嗽，流黏脓性鼻液，鼻黏膜高度充血，有浅溃疡，鼻镜高度充血（俗称红鼻子）。有时腹泻，粪中带血。流行时常出现生殖道感染症状。

结核病：消瘦，贫血，呼吸增数，气喘，干咳，体表淋巴结肿大，无热无痛。用结核菌素皮内注射和点眼呈阳性反应。

网尾线虫病：多春季发病，体温 39.5～40℃，气喘，咳嗽，初干咳后湿咳，咳出的痰液中可含虫卵、幼虫或成虫，整个肺区可听到湿啰音或爆裂音。流淡黄色黏性鼻液，消瘦，贫血。粪便、鼻液可检出第一期幼虫。

2. 表现呼吸困难，体温不升高和全身状况重剧的牛病

主要有亚硝酸盐中毒、氢氰酸中毒、牛黑斑病甘薯中毒、有机磷中毒等。

亚硝酸盐中毒：有采食硝酸盐或亚硝酸盐的病史。发病突然，病程短促，肌肉痉挛，呼吸高度困难，黏膜发绀，血液黑红色。

氢氰酸中毒：有采食氰苷类植物的病史。发病突然，经过短急，极度呼吸困难，黏膜和静脉血鲜红色，肌肉震颤。

牛黑斑病甘薯中毒：俗称牛喘病，有采食黑斑病的甘薯的病史。呼吸困难，肺水肿，张口喘气，呼吸用力，类似拉风箱的声音。口、鼻流出泡沫样的液体。颈部及胸部皮下气肿。

有机磷中毒：有接触有机磷农药的病史。流涎、腹痛，腹泻，瞳孔缩小，肌肉震颤，出汗，呼吸困难或迫促，肺水肿。

【考核评价】

呼吸系统疾病的鉴别诊断

一、考核题目

呼吸系统疾病是临床多发病，其发病率仅次于消化系统疾病，请你列表制订出感冒、喉炎、支气管炎、小叶性肺炎、大叶性肺炎、异物性肺炎的鉴别诊断要点。

二、考核标准

呼吸系统疾病鉴别诊断要点见表 3-1。

表 3-1 呼吸系统疾病鉴别诊断要点

鉴别要点	病名					
	感冒	喉炎	支气管炎	小叶性肺炎	大叶性肺炎	异物性肺炎
体温变化	微热或中等热	微热或中等热	微热	弛张热型	稽留热型	体温升高达40℃以上
咳嗽	初为干、短、痛咳，后为湿咳	剧烈咳嗽，初为干、痛、短而强的咳嗽，后为湿而长的咳嗽	频发，初为短、干、痛咳，后为湿咳，声音粗大	频咳，初为干、短、痛咳，后为湿咳	有时出现弱痛咳	长而带痛的湿性咳嗽
鼻液	初期浆液性，后变黏液性或黏液脓性	初期浆液性，后变黏液性或黏液脓性	初期浆液性，后变黏液性或黏液脓性	一般为黏液脓性	多为黏液脓性，初期可见少量铁锈色鼻液	污秽不洁的恶臭鼻液
呼吸	呼吸稍快	严重时，呼吸数减少，吸气性呼吸困难，喉头有喘鸣音	稍快	呼吸次数增加	呼吸困难、腹式呼吸	呼吸急速而困难
听诊	肺泡呼吸音增强	听诊喉部气管，有大水泡音或喉头狭窄音	干性或湿性啰音	病灶部肺泡音消失，周围代偿性亢进并有干、湿啰音	充血期肺泡音粗厉及啰音，肝变期病灶区肺泡音消失，出现支气管呼吸音，溶解期则又可听到湿性啰音	初期多在肺前下部听到湿啰音，以后可听到干啰音等肺部听诊的各种病理性呼吸音
叩诊	无变化	无变化	无变化	岛屿状浊音	初期为过清音，肝变期为大片性浊音	初期在肺前下部呈浊音、半浊音，当肺空洞形成及其与支气管相通时，呈金属音、破壶音

【知识链接】

气管注射

［**应用**］

气管注射是一种呼吸道的直接给药方法，将药物注入气管中，使之直接作用于气管黏膜和肺脏的方法。宜用于肺部的驱虫及气管与肺部疾病的治疗。

［**准备**］

注射器、注射针头、注射用药品(生理盐水、青霉素、普鲁卡因等)。

［**部位**］

在颈上部，气管腹侧正中，两个气管软骨环之间。

［**方法**］

(1)动物站立保定，固定好头部，充分伸展颈部，局部剪毛消毒。

(2)术者左手摸清气管环，右手持针垂直气管间隙刺入，深 2～3 cm；当针头刺入气管后则阻力消失，针头活动范围较大，若连接吸有生理盐水的注射器回抽有气体，则证明针头在气管内，然后慢慢注入所需药液(图 3-2)。如遇动物咳嗽，则宜暂停。注射完毕拔出针头，局部涂擦碘酊。

图 3-2　气管注射

［**注意事项**］

(1)注射的药液应是可溶性并容易吸收的，否则有引起肺炎的危险。

(2)注射剂量不宜过多，以肌肉注射量的 1/4 剂量为宜，总量控制在 20 mL 以内。注射速度要缓慢，过快可导致痉挛性咳嗽，将药物咳出或发生窒息死亡。

(3)药液温度应与体温同高，以减轻刺激。

(4)为了防止或减轻咳嗽，可先在气管内注入 2%～3%盐酸普鲁卡因溶液 5～10 mL，以降低气管黏膜的敏感性。

Project 4

心血管系统疾病

学习目标

(1)了解心血管系统疾病的一般发病规律，熟悉常用诊疗方法及药物。

(2)了解心力衰竭、贫血的概念、病因，掌握其症状、诊断、治疗及预防。

【学习内容】

任务二十四　心力衰竭

心力衰竭又称心脏衰弱、心功能不全，是因心肌收缩力减弱或衰竭，引起外周静脉过度充盈，使心脏排血量减少，动脉压降低，静脉血液回流受阻而引起全身血液循环障碍的一种疾病。心力衰竭是各种心脏疾病和多种疾病发生的一种综合征或并发症。

心力衰竭按病程可分为急性和慢性，慢性心力衰竭又称充血性心力衰竭；按发病起因可分为原发性和继发性两种；按发病部位可分为左心衰竭、右心衰竭和全心衰竭。

［**病因**］

(1)急性原发性心力衰竭，主要是由于容量负荷过重而导致的心肌负荷过重，往往是在治疗过程中，静脉输液量超过了心脏的最大负荷量，尤其是向静脉过快地注射对心肌有较强刺激性的药物，如钙制剂、钾制剂等。

急性继发性心力衰竭，多继发于急性传染病（口蹄疫、出血性败血症等）、寄生虫病（弓形虫病等）、内科疾病（日射病、胃肠炎、心包炎、心肌炎等）、中毒病（霉菌毒素中毒、棉籽饼中毒）、营养代谢病（硒缺乏症、铜缺乏症等）。

在高海拔地区，棘豆草丛生牧场上放牧的青年牛易发生右心衰竭。

此外，还可发生于麻醉意外、雷击、电击等。

(2)慢性心力衰竭，除长期重剧使役外，常继发或并发于多种亚急性和慢性感染、心脏本身的疾病（心包炎、心肌炎、心肌变性、心脏扩张和肥大、心瓣膜病等）、中毒病（棉籽饼中毒、霉败饲料中毒、含强心苷的植物中毒、呋喃唑酮中毒等）、甲状腺机能亢进、幼畜白肌病、慢性肺泡气肿、慢性肾炎等。

［**症状**］

急性心力衰竭，由于病情轻重不同而表现不同。病牛精神沉郁，食欲减退或废绝，易于疲劳，出汗，呼吸加快，肺泡呼吸音增强，可视黏膜轻度发绀，体表静脉怒张；心搏动亢进，第一心音增强，脉搏细数，有时出现心律不齐和心内性杂音。

随病情的发展，发生肺水肿，呼吸高度困难，两侧鼻孔流出多量无色细小泡沫状鼻液，胸部听诊有广泛的湿啰音。心动疾速，第一心音增强，而第二心音减弱，临近死亡时，心搏动和心音都减弱，脉搏相应减弱甚至不感于手，往往心律不齐。常在症状出现后数秒钟或数分钟内死亡。

慢性心力衰竭，病情发展缓慢，病程持久，长达数周、数月或数年，病情弛张。病初安静时常无明显症状，只在活动时才出现呼吸加快或喘息，而且耐力明显降低，易于疲劳、出汗。活动停止后，脉搏数和呼吸数需要较长时间才能恢复正常。随时间延长，病情逐渐加重，安静时也出现明显的呼吸、心率增加，病牛精神沉郁，食欲减退，前胃弛缓，腹泻和消瘦。可视黏膜发绀，甚至体表静脉怒张。常发生心性浮肿，下颌、垂皮、腹下、四肢下端出现无热无痛的捏粉样肿胀，触之发凉，指压留痕。病牛

二维码 4-1　病牛胸垂严重浮肿，两前肢间隙消失

驻立时从前面观察，可见两前肢间隙消失。心率加快，第一心音增强，第二心音减弱，有时出现缩期杂音、心律不齐。

右心衰竭时，除胸腔、腹腔、心包腔积液外，常出现脑、肝、肾、胃肠道瘀血症状。

左心衰竭时，肺循环瘀血，易发生肺水肿和慢性支气管炎的症状，呼吸增数，听诊肺部出现啰音，湿性咳嗽等。

［**诊断**］

根据发病原因，静脉怒张，脉搏增数，呼吸困难，发绀，垂皮和腹下水肿以及心率加快，第一心音增强，第二心音减弱等症状可做出诊断。心电图、X线检查等有助于判定心脏肥大和扩张，对本病的诊断有辅助意义。要注意急性或慢性，原发性或继发性的鉴别诊断。

［**治疗**］

治疗原则是加强护理，减轻心脏负担，增强心肌收缩力和增加心脏排血量，缓解呼吸困难以及对症治疗等。

急性心力衰竭往往来不及救治，病程较长的可参照慢性心力衰竭使用强心苷类药物。麻醉时发生的心室纤颤或心搏骤停，可采用心脏按摩或电刺激起搏，也可试用极小剂量肾上腺素心内注射。

1.使病牛充分休息

慢性心力衰竭时，首先应将患牛置于安静厩舍休息，少量多次地给予柔软易消化而营养丰富的草料，以减少机体对心脏排血量的要求，减轻心脏负担。同时可根据患牛体质，静脉瘀血程度以及心音、脉搏强弱，酌情放血1 000～2 000 mL(贫血患牛切忌放血)，放血后呼吸困难迅速缓解，此时缓慢静脉注射25%葡萄糖溶液500～1 000 mL，增强心脏机能，改善心肌营养。

对出现心性浮肿的病牛，则宜适当限制食盐和饮水，可适当应用利尿剂。

2.增强心肌收缩力

根据不同情况选用不同的强心剂，如洋地黄、咖啡因等。

但应注意洋地黄类药物长期应用易蓄积中毒，成年奶牛不宜内服；由心肌发炎损害引起的心力衰竭禁用洋地黄。

对严重的心力衰竭如需急救，可立即注射尼可刹米，不见好转时，可选用0.1%肾上腺素3～5 mL加入10%葡萄糖液500 mL内，静脉滴注。

此外，应针对出现的症状，给予健胃，缓泻，镇静等制剂，还可使用ATP、辅酶A、细胞色素C、维生素B_6和葡萄糖等营养合剂，做辅助治疗。

中兽医对心力衰竭，多用“参附汤”和“营养散”治疗。

参附汤：党参60 g，熟附子32 g，生姜60 g，大枣60 g，水煎两次，候温灌服。

营养散：当归16 g，黄芪32 g，党参25 g，茯苓20 g，白术25 g，甘草16 g，白芍19 g，陈皮16 g，五味子25 g，远志16 g，红花16 g，共为末，开水冲服，1剂/d，7 d为一疗程。

［**预防**］

役牛应坚持经常锻炼与使役，提高适应能力，同时也应合理使役，防止过劳。在输液或静脉注射刺激性较强的药液时，应掌握注射速度和剂量。对于其他疾病而引起的继发性心力衰竭，应及时根治其原发病。

任务二十五　贫血

贫血是指全身血量减少，或单位容积血液中红细胞数、血红蛋白含量低于正常值。贫血是疾病的一种症状，而不是一种独立的疾病。发病后，主要表现为皮肤和可视黏膜苍白，以及各器官由于组织缺氧而产生的各种症状。贫血根据发病原因及发病机理，可分为失血性贫血、营养不良性贫血、溶血性贫血和再生障碍性贫血四个类型。

［病因］

1.失血性贫血

失血性贫血可因任何一种大失血而引起，主要见于外伤、手术、流产、分娩、肝脾破裂后的出血，以及消化、呼吸、泌尿生殖系统等器官的出血（如皱胃溃疡、肺出血、后腔静脉血栓形成综合征、膀胱炎等）。另外，寄生虫病也常引起失血性贫血。其后果直接取决于出血时间的长短和出血量的多少，突然丧失血容量的 2/3 可能是致命的，但如果是 24 h 内缓慢的出血，即使达到血容量的 2/3，也可能没有这种危险。

2.营养不良性贫血

由铁、铜、钴、维生素 B_{12}、叶酸和蛋白质等的缺乏以及胃肠的消化和吸收功能障碍引起。

3.溶血性贫血

溶血性贫血与血管内或血管外的红细胞破坏有关，犊牛常见引起血管内溶血的原因是水中毒。另外，牛巴贝斯原虫病、钩端螺旋体病、D 型诺氏梭菌等都可引起溶血性贫血。

4.再生障碍性贫血

由于骨髓的造血功能衰竭引起。慢性感染或肿瘤常与红细胞再生不足或再生障碍性贫血有关，如牛结核病、副结核病、慢性肺炎伴发肺脓肿、肾盂肾炎、淋巴肉瘤等。此外，长期应用对造血机能有抑制作用的药物，如氯霉素、磺胺类药物以及有机汞、有机砷中毒等。

［症状］

贫血的共同症状，主要表现为体质虚弱，容易疲劳，多汗，心跳增数，呼吸加快，结膜苍白，血红蛋白含量和红细胞总数减少以及红细胞形态改变等。

1.急性失血性贫血

病程发展迅速，病牛衰弱，精神沉郁，步态不稳，出冷汗，体温降低，鼻端、耳尖和四肢末端厥冷，可视黏膜迅速苍白，脉搏细弱而快，心音微弱，呼吸快而浅，最后眩晕倒地。严重者发生失血性休克而迅速死亡。

2.慢性失血性贫血

出现渐进性消瘦及衰弱，嗜睡，结膜逐渐苍白，脉搏快而弱，呼吸快而浅表。严重者在胸腹下及四肢发生水肿，最终死于心力衰竭。血液检查，血液稀薄，血沉加快，血红蛋白和红细胞数减少。血液中出现幼稚型红细胞，成熟红细胞消失，由于骨髓中铁的含量不足，出现不等形染色过弱的红细胞（巨型红细胞）。

3.营养不良性贫血

病程较长，黏膜逐渐苍白，消瘦，虚弱无力。犊牛发育迟缓，全身状态进行性衰弱，严重者可伴发全身水肿，并可听到贫血性杂音。缺钴性贫血多发于缺钴地区的牛，具有群发性，病程长。病牛结膜苍白，食欲减退，异嗜，常有顽固性消化不良和不明原因的消瘦。

4. 溶血性贫血

黏膜苍白、黄染，精神沉郁，食欲下降，体温正常或升高，步态不稳，心动过速，呼吸困难。严重时出现红蛋白尿，尿胆红素增加。胆红素呈现间接反应阳性。红细胞减少，网织红细胞增多，并出现多量有核红细胞及异形红细胞，血小板数量减少。

5. 再生障碍性贫血

除继发于急性放射病外，一般发病较缓，但可视黏膜逐渐苍白，全身症状越来越重，呼吸困难，眩晕。出血性素质，血液凝固变慢。常继发感染，预后不良。血液学检查，红细胞、白细胞和血小板均显著减少。

［**诊断**］

根据血液学检查和贫血的特有症状，可以做出诊断。是否内出血，可进行腹腔穿刺，观察有无血液。

［**治疗**］

1. 急性失血性贫血

首先应查明并除去发病原因，患牛保持安静。外出血时，可用外科方法止血，如结扎止血或敷以止血药。内出血时，10%氯化钙溶液 200～300 mL，静脉注射，或 10%枸橼酸钠液 100～150 mL，静脉注射，或 0.5%安络血注射液 10～20 mL，肌肉注射。同时，可用右旋糖酐和高渗葡萄糖等补充血容量。

2. 慢性失血性贫血

原则是消除病因，治疗原发病，补充造血物质。补铁时，配合盐酸及抗坏血酸，促进铁的吸收，或配合铜、砷制剂等刺激骨髓造血机能。

3. 营养性贫血

原则是补充所缺乏的造血物质，并促进其吸收和利用。缺铁性贫血，通常应用硫酸亚铁，配合人工盐，制成散剂混入饲料中饲喂，或制成丸剂投服，6～10 g/d，口服，一周后改为 3～5 g，连用 1～2 周为一疗程，并同时使用稀盐酸 10～15 mL，加水 500～1 000 mL，内服，以促进铁的吸收，1 次/d。缺铜性贫血，不但不缺铁，反而有大量含铁血黄素沉积，因此只需补铜而切莫补铁。如硫酸铜 3～4 g，溶于适量水中，灌服，每隔 5 d 用 1 次，3～4 次为一个疗程。

4. 溶血性贫血

原则是消除感染，排除毒物，补充造血物质，输血换血及使用利尿剂。如果是感染和中毒引起的急性溶血性贫血病牛，只要感染被抑制或毒物被排出，则贫血本身一般无须治疗，可由骨髓代偿性增生而迅速自行恢复。

5. 再生障碍性贫血

由于难以治愈和经济价值问题，一般不做治疗。

［**预防**］

针对病因进行预防。

【案例分析】

分析以下案例，根据病史和临床检查，提出初步诊断，制订治疗措施（开出处方）。

案例 1 患牛精神沉郁，饮、食欲降低，耳耷头低，眼半闭无神，对外界反应迟钝，肢体软弱无力。体温正常，可视黏膜发绀，鼻镜干燥，流黏液性鼻液，偶有咳嗽，呼吸困难，浅表无力，呈腹式呼吸。心音低沉、浑浊、弱，心律不齐，强迫运动，则心率加快至每分钟 105 次以上，较长时间不能恢复正常。胃肠蠕动弛缓无力，反刍停止，粪便干燥。

案例 2 患牛发病已 20 余天，精神沉郁，食欲降低，排粪量减少，下颌肿胀，腹下、乳房水肿，眼结膜苍白，右侧肩前淋巴结肿大至鹅蛋大小，颈静脉怒张如绳索状，颈静脉阳性波动，第一心音高朗，第二心音微弱，心律不齐，心音浑浊。呼吸音正常，体温 38.5℃。

【知识拓展】

表现贫血和黄疸的牛病

1. 表现发热、黄疸的牛病

主要有梨形虫病、钩端螺旋体病、急性实质性肝炎、溶血性贫血。

梨形虫病：通过蜱吸血而传播，主要在夏秋季节流行。高热稽留，可视黏膜苍白、黄染，淋巴结肿大，排血红蛋白尿。血液涂片姬姆萨染色镜检有梨形虫体。

钩端螺旋体病：有传染性，多发生在夏秋季节，犊牛较成年牛较易发病且症状严重。体温升高，皮肤干裂、坏死，口腔溃疡。孕牛发生流产并分泌血染乳汁。发病后 3 d 内检查尿沉渣，可发现钩端螺旋体。

急性实质性肝炎：体温升高（38.5～40℃），消化不良，可视黏膜黄染，皮肤瘙痒。便秘、腹泻交替发生，粪便恶臭，呈灰绿色或淡褐色，尿色发暗，有时似油状，严重时抽搐、痉挛或呈昏睡状态。肝浊音区扩大，肝区触诊疼痛。

溶血性贫血：可视黏膜苍白、黄染，肝脏、脾脏肿大。食欲减退，心率加快，严重者出现血红蛋白尿，血清呈金黄色。

2. 表现无热、黄疸的牛病

主要有产后血红蛋白尿病、肝片吸虫病、菜籽饼（粕）中毒、黄曲霉毒素中毒。

产后血红蛋白尿病：主要发生于分娩后 2～4 周的 3～6 胎的高产母牛，低磷酸盐血症，血红蛋白尿，贫血，可视黏膜及皮肤（乳房、乳头、股内侧）苍白、黄染。磷制剂治疗有特效。

肝片吸虫病：多取慢性经过，腹泻，消瘦，贫血，黄染，颌下、垂皮、胸下水肿。粪便检查有肝片吸虫虫卵。

菜籽饼（粕）中毒：有采食菜籽饼（粕）的病史，咳嗽，黏膜苍白、黄染，临床上以胃肠炎、呼吸困难、血红蛋白尿及甲状腺肿大为特征。

黄曲霉毒素中毒：有采食发霉饲料的病史，黄疸，出血，水肿，消化障碍和神经症状。妊娠母牛流产、早产。

表现循环障碍症状的牛病

表现心跳增数，心脏听诊有心杂音的疾病

主要有心力衰竭、心肌炎、心内膜炎、牛创伤性心包炎、贫血。

心力衰竭:脉搏增数,呼吸困难,第一心音增强,第二心音减弱。静脉怒张,可视黏膜发绀,垂皮和腹下水肿。易疲劳、出汗。

心肌炎:通常继发于急性感染或中毒病。心动过速,心率增快与体温升高不相适应,心律异常,可视黏膜发绀,呼吸困难。

心内膜炎:持续性发热,浅表静脉怒张,水肿,腹水,心动过速,心音亢进,缩期杂音。

牛创伤性心包炎:顽固性前胃弛缓,心区敏感,姿势异常,出现心包摩擦音或心包击水音,心浊音区扩大,心率增快,颈静脉怒张,胸前部水肿。

贫血:皮肤、可视黏膜苍白,体质虚弱,心率加快,贫血性杂音。

【考核评价】

心包穿刺术

一、考核题目

患牛,精神沉郁,食欲下降,体温 39.1℃,心跳 102 次/min,呼吸加快,眼结膜发绀。心区触诊敏感,可感到心区震颤,听诊心音遥远,有心包摩擦音;颈静脉怒张,腹下水肿。诊断为心包炎,决定进行心包穿刺。请写出心包穿刺术的应用、部位、方法及注意事项。

二、考核标准

[**应用**]

疑为心包炎时,进行穿刺性诊断,或抽取心包液,鉴别其性质,或心包积脓时,排除脓液并进行冲洗治疗。

[**准备**]

胸腔穿刺针(内有针芯)或带胶管的 16～18 号长针头(胶管末端用止血钳密闭),注射器,剪毛剪,抗生素,酒精棉球和碘酊棉球等。

[**部位**]

在牛胸腔左侧第 5 肋间,肩关节水平线下 2 cm 处。

[**方法**]

(1)牛站立保定,尽量使左前肢前伸,充分暴露心区,术部剪毛、消毒。

(2)用带胶管的 16～18 号长针头(胶管尾端用夹子夹住)或胸腔穿刺针(内有针芯),在术部垂直刺入 2～4 cm,待针尖抵抗感突然消失,同时可感到心搏动时,将针稍后退少许,由助手将针头上的胶管接注射器,松开止血钳,缓慢抽吸。

(3)抽出的心包液可送往实验室进行检查。如为脓液需要冲洗时,可注入溶液冲洗心包腔,直至回抽的冲洗液清亮为止,最后注入抗生素。

(4)穿刺排液或冲洗结束,左手按压进针点的皮肤,右手迅速拔针。局部涂擦碘酊消毒,覆盖灭菌纱布，压迫数分钟，用胶带固定。

[**注意事项**]

(1)所用器材要严格消毒，操作过程中要严格遵守无菌操作。

(2)动物要保定确实，防止其骚动。

(3)术者进针要缓慢，针头刺入不宜过深，以免刺伤心脏而造成死亡。

(4)穿刺点可根据心脏浊音区或在X线透视下，在心包扩大的后界确定。

【知识链接】

输血疗法

输血疗法是一种重要的治疗方法，是给病畜静脉输入保持正常生理功能的同种属动物血液的一种治疗方法。动物输血有很多比人更有利的条件，如血源方便、安全性高等，因此输血疗法在兽医临床上有重要的应用价值。

[**适应症**]

用于大失血、外伤性休克、贫血、大手术时出血的预防等。也可用于某些中毒病的抢救。禁忌症为严重的心血管系统疾病、肾脏疾病和肝病等。

[**输血和血型的关系**]

就目前所知，各种家畜的血型不同，牛有12种血型、80种以上的血型因子，尽管家畜的血型繁多，但临床上首次输血时都可以任用1头同种家畜作为供血者而不管是否和受血者的血型一致，通常均没有危险性。这是因为家畜的血清中天然抗体不像人类那样有规则的发生，即使有抗体其效价也很低的缘故。但当接受同种家畜的血液后，都能在3～10 d内产生免疫抗体，如果此时又以同一供血个体的血液再次输入时，就容易产生输血反应，因此，临床上常常要对经常输血的动物准备多头供血动物，并把重复输血的时间缩短到3 d以内。

为了安全起见，输血前应做一次血液的相合试验，尽可能避免输血反应。

[**输血前的准备**]

1.供血牛的选择

供血牛应选择年轻、健壮、无传染病和血液寄生虫病(以前没有接受过输血、未孕及无体质过敏)的健康牛。

2.输血用具

(1)采用大的注射器抽取供血家畜的血液后立即输给病畜。

(2)采血瓶或一般的盐水瓶按照抗凝溶液和血液的比例事先把抗凝溶液加入瓶内，然后采血到一定刻度。注意边采血，边轻轻摇动采血瓶，以防血液凝固。

(3)输血导管，采血针头等。上述用具均需洗净消毒后备用。

3.采血

从供血牛颈静脉采血，使血液沿瓶壁流入，并轻轻晃动贮血瓶，使血液与抗凝剂充分混合，以防血液凝固。

一般一次采血1 000～2 000 mL，对牛的健康无影响，兽医临床供血动物较易选择，一般不需要血库。

4.抗凝剂的选择和配制

常用的抗凝剂有：

(1)3.8%～4%枸橼酸钠溶液　最常用的一种抗凝剂，此浓度与血液等渗，抗凝时间长，在无菌条件下，抗凝血保存在4℃冰箱内，7 d内不失去其理化特性和生物学特性，采血时，一份3.8%的枸橼酸钠和9份血液混合在一起，即可以达到抗凝的目的。其缺点是随同血液输入病牛体内以后，就很快与血液中的钙离子结合，从而使血液中游离的钙量下降，因此在大量输血后要补充钙制剂。

(2)10%氯化钙溶液　其抗凝作用是其提高了血液中钙离子的含量，制止血浆中纤维蛋白原的脱出。缺点是抗凝的时间短，必须在2 h内用完，1份10%的氯化钙溶液可使9份血液不凝固，此液尚能抗休克和降低病牛的反应性。

(3)10%水杨酸钠溶液　抗凝作用可以保持2 d，应用时和血液按1∶5混合。此液也有抗休克的作用，如用于患有风湿病的病牛效果更好。

(4)血液保养液　常用的为ACD液(枸橼酸钠0.47 g，水杨酸钠1.33 g，无水葡萄糖3 g，蒸馏水加至100 mL，灭菌后备用，此液pH为5.0，和血液混合后pH为7.0～7.2)。同时，每200 mL全血加入ACD液50 mL。这种保养液既能抗凝，又可供给能量。红细胞在ACD保养液中以4℃储存到29 d时，存活率仍可达70%。

[**血液的相合试验**]

家畜的血型鉴别比较复杂，但仅以输血为目的，一般采用交叉配血凝集试验和生物学试验可确保输血安全。

1.交叉配血试验

配血试验主要是检验受血牛的血清中有无破坏供血牛红细胞的抗体。如果受血牛血清中没有能使供血牛红细胞破坏的抗体，称为“配血相合”，反之称为“配血不合”。一般将配血试验的重点放在受血牛的血清与供血牛的红细胞配合方面，称为“主侧”或“直接配血”，但是在输血时，不能只输红细胞，也输入血浆，如输入的血浆中有与受血牛红细胞不相合的抗体，也可以破坏受血牛的红细胞，不过由于输入的血浆量少，其抗体可被稀释，受血牛血浆中若含有相应型物质，则可中和输入的抗体，故危害性较小。因此，把受血牛的红细胞与供血牛的血清配血，称为“次侧”或“间接配血”。“主侧”“次侧”同时进行，称为交叉配血。

常用的交叉配血试验按其操作方法有两种：

(1)玻片法　取清洁、干燥双凹玻片或普通载玻片一块。并在玻片上用玻璃铅笔分别注明主、次侧字样。在主侧凹内滴受血牛血清2滴及供血牛的5%红细胞生理盐水混悬液(取全血用生理盐水做8～10倍稀释后，以1 500～1 800 r/min离心3～5 min，弃去上清液，按照同样的方法离心3～5次，最后弃去上清液，保留血细胞，再用生理盐水配成5%的浓度)1滴；次侧凹内滴供血牛的血清2滴及受血牛的5%红细胞生理盐水混悬液1滴。混合均匀，向前后方向振荡，在室温下静置20～30 min，观察结果。

(2)试管法　取试管2支，注明主、次侧字样，向各管加入的内容物与玻片法相同，混匀后，立即以1 000 r/min离心沉淀，然后观察结果。结果判断同玻片法。

结果判定：

①如肉眼观察玻片上主、次侧的液体都均匀红染，无红细胞凝集现象；显微镜下观察红

细胞单个存在，界线清楚，表示配血相合，可以输血。

②如肉眼观察主、次两侧或主侧红细胞凝集呈沙粒状团块，液体透明；显微镜下观察红细胞堆积一起，分不清界线，表示配血不相合，不能输血。

③如主侧不凝集而次侧凝集时，可有两种情况：一是供血牛血清中的抗体是免疫抗体，不可输血；二是供血牛血清中的抗体虽属正常抗体(凝集素)，在一定条件下可以输血，但因其效价较高，凝集力强，为了安全起见最好也不要输血，以防破坏受血牛的红细胞。

2.生物学试验

生物学试验是先少量输血，观察动物有无反应，以推断血液是否相合的一种方法。无论是首次还是重复输血，或是否做过凝集试验，均应在生物学试验阴性的情况下正式进行大量输血。

操作方法：

(1)输血前先检查受血牛的体温、脉搏、呼吸、黏膜色泽和临床表现。

(2)抽取供血牛的抗凝血液 100～200 mL 注入受血牛静脉内，10 min 后观察反应。

(3)若受血动物无任何异常反应，表明输入的血液是相合血，可以进行输血；若注射后病牛表现骚动不安，呼吸、脉搏显著增数，黏膜发绀，肌肉震颤，胃肠蠕动亢进，频频排尿、排粪，甚至出现溶血性休克，表明输入的血液不相合，应立即停止输血，更换供血牛。出现的反应一般经 20～30 min 即可自行消失，通常不需进行处理。

须注意：在对牛进行输血时，因其反应较迟钝，所以在生物学试验中供血牛的抗凝血液需静脉注射 2 次，每次 100 mL，间隔 10～15 min 未出现反应，才可输血。

[**输血**]

1.输血方法

输血前进行血液相合检验正常时，即可进行输血。一般采用静脉输入，方法同静脉注射。在输血过程中，要不断轻轻晃动贮血瓶，避免红细胞与血浆分离给输入带来困难。

2.输血速度

输血的速度和疾病的种类，病牛心、肺功能状态有密切关系。一般输血的速度每分钟 20～25 mL。当急性大失血时，输血速度应快，每分钟可达 50～100 mL。患心脏衰弱、肺水肿、肺充血时，输血速度宜慢。如患一般性慢性消耗性疾病，如寄生虫病及长期化脓性感染等，输血速度以慢为宜。

3.输血剂量

输血总量应视病牛的病情需要及体重等决定，一般每次可输入 1 000～3 000 mL。在重复输血时，为避免输血反应，应采用更换供血牛(多用几头供血牛)或缩短重复输血时间，在病牛尚未形成一定的特异抗体时输入，一般均在 3 d 以内。

4.输血反应及处理

(1)发热反应　输血期间或输血后 1～2 h 内，体温升高 1℃以上并有发热症状，病牛表现寒战、发热、出汗、不安、心动亢进、血尿及结膜黄染等，发热持续数小时后自行消退。主要是由于抗凝剂不纯，或输血用具有致热源所致。有时也可因多次输血后病畜血液中产生血小板凝集素，或白细胞凝集素所引起。处理方法主要是：严格执行无致热源技术与无菌技术；在每 100 mL 血液中加入 2%普鲁卡因 5 mL，或氢化可的松 50 mg 输入；反应严重应停止输血，并给予对症治疗。

(2)过敏反应　过敏反应病牛表现呼吸急促、痉挛，皮肤上出现荨麻疹块等症状，甚至发生过敏性休克。原因尚不明确，可能是由于输入血液中含有致敏物质，或因多次输血后体内产生过敏性抗体所致。处理方法：应立即停止输血，肌肉注射苯海拉明等抗组织胺制剂，并进行对症治疗。

(3)溶血反应　病牛在输血过程中突然出现不安，呼吸、脉搏频数，肌肉震颤，不时排尿、排粪，出现血红蛋白尿，可视黏膜发绀或出现休克。常因输入错误的血型，或配合禁忌的血液所致。此外，还可因血液在输入前处理不当，大量红细胞被破坏而引起，例如血液保存不当，时间过长，温度过高、过低，使用前置室温时间过长或错误加入高渗、低渗药物等。处理方法：应立即停止输血，改为注射生理盐水或葡萄糖注射液，随后再静脉注射5%碳酸氢钠注射液。皮下注射0.1%盐酸肾上腺素5～10 mL，并用强心利尿剂等抢救。

[注意事项]

(1)输血过程中的一切要严格遵守无菌操作原则。

(2)输血前必须进行血液相合性试验，以免出现较严重的输血反应。每次输血时，最好先将供血者的少量血液(牛100～200 mL)输入受血者静脉内，输入后10 min，若受血者的体温、脉搏、呼吸和可视黏膜等无明显变化，即可将剩余的血液全部输入。

(3)血液相合试验必须用新鲜而无溶血现象的血液；所用玻璃片、吸管等必须清洁、干燥；凝集试验时室温以18～20℃为宜，过高(24℃以上)或过低(8℃以下)均会影响试验结果的准确性；观察时间不能超过30 min，以免液体蒸发而发生假凝集。

(4)采血时，抗凝剂与所采血液的比例要适当。

(5)在输血过程中，要严防空气进入血管，密切注意病畜的表现，若出现异常反应，应立即停止输血。

(6)严重溶血的血液，不宜应用，应废弃。

(7)输血主要用于牛、羊、马和犬。一般不用种公牛的血液给已配的母牛或待配的母牛输血，以防发生新生仔畜溶血性疾病。

Project 5

泌尿系统疾病

学习目标

(1)了解泌尿系统疾病的一般发病规律，熟悉常用诊疗方法及药物。

(2)了解肾炎、膀胱炎、尿石症的概念、病因，掌握其症状、诊断、治疗及预防。

【学习内容】

任务二十六　肾炎

肾炎是指肾小球、肾小管或肾间质组织发生炎性病理变化的总称。其主要特征是肾区敏感，尿量减少，尿液中含有病理产物(如红细胞、白细胞、肾上皮细胞、蛋白尿及管型)，严重时伴有全身水肿等。肾炎按病程可分为急性肾炎和慢性肾炎两种。按炎症发生的范围可分为弥漫性肾炎和局灶性肾炎。按其发生部位可分为肾小球肾炎、肾小管肾炎、间质性肾炎。

[**病因**]

目前认为肾炎的发生与感染、中毒、变态反应等因素有关。

1.感染因素

肾炎多发生于某些传染病的过程中，如流感、口蹄疫、传染性胸膜肺炎、牛病毒性腹泻等。也可由邻近器官炎症的蔓延而引起，如膀胱炎、子宫内膜炎等。

2.中毒因素

(1)内源性毒物　胃肠道炎症、胎衣不下、化脓性子宫内膜炎、皮肤疾病、代谢障碍性疾病、皮肤大面积烧伤或烫伤时所产生的毒素、代谢产物或组织分解产物等。

(2)外源性毒物　应用有强烈刺激性的药物(松节油、水合氯醛等)，误食有毒植物及被砷、汞、铅、磷等毒物污染的饲料，经肾脏排出时，可损害肾脏。

3.机械因素

因撞击、踢打等外力造成肾脏损伤所致。

4.受寒感冒

由于机体遭受寒冷的刺激，引起全身血管发生反射性收缩(尤其是肾小球毛细血管的痉挛性收缩)，导致肾脏血液循环及营养发生障碍，肾脏防御机能降低，病原微生物侵入，促使肾炎发生。

慢性肾炎原发性病因，基本同急性肾炎，但病因作用持续时间较长，性质较缓和，或由于急性肾炎治疗不当而转变为慢性。

[**症状**]

1.急性肾炎

病牛食欲减退，精神沉郁，体温升高，消化不良，反刍紊乱。

由于肾区敏感、疼痛，病牛不愿行动。站立时背腰拱起，后肢叉开或齐收于腹下。强迫行走时后躯僵硬，运步困难，步样强拘，小步前进，尤其向侧转弯困难。病牛频频排尿，但每次尿量较少，严重者无尿，尿色浓暗，比重增高，尿中蛋白质含量升高，甚至出现血尿。

肾区触诊，病牛有痛感；直肠检查，肾脏肿大，压之感觉过敏，不安，甚至躺下或抗拒检查。由于血管痉挛，眼结膜显淡白色。动脉血压升高，主动脉第二心音增强，脉搏强硬。

病程后期，眼睑、颌下、垂皮处、胸腹下、阴囊部发生水肿。重症病例，出现尿毒症症状，全身功能衰竭，四肢无力，意识障碍或昏迷，全身肌肉阵发性痉挛，呼吸困难，腹泻。

尿液检查，蛋白质呈阳性，镜检尿沉渣，可见管型、白细胞、红细胞及肾上皮细胞。

2.慢性肾炎

多由急性肾炎发展而来，病程较长，发展缓慢，且症状不明显。初期表现机体衰弱，无力，易疲劳，食欲不定。继则出现食欲减退，消化机能障碍，逐渐消瘦。后期可见眼睑、颌下、胸前、腹下或四肢末端出现水肿，严重时发生肺水肿和体腔积水。尿量不定，比重增高，尿中有蛋白质，尿沉渣中有肾上皮细胞、各种管型、红细胞和白细胞。严重病例由于血中非蛋白氮大量蓄积，引起慢性氮质潴留性尿毒症。病牛倦怠、消瘦、贫血、抽搐及有出血性倾向，直至死亡。典型病例主要是水肿，血压升高和尿液异常。

［**诊断**］

根据病史，如患某些传染病或中毒病后发病，或有受寒、感冒的病史，典型症状如少尿或无尿，肾区敏感、疼痛，血压升高，第二心音增强，水肿，尿毒症等，特别是结合实验室尿液化验如蛋白尿、血尿、管型尿、尿沉渣中含有肾上皮细胞等进行诊断。牛的间质性肾炎，除上述诊断依据外，可进行直肠内触诊:肾脏硬固，体积缩小。同时，应注意与肾病相区别。肾病有明显的水肿，大量蛋白尿及低蛋白血症，但不见有血尿等现象。

［**治疗**］

治疗原则:消除病因，加强护理，消炎利尿及对症治疗。

1.加强饲养管理

首先将病牛置于温暖、干燥、阳光充足、通风良好的圈舍中安静休养，防止继续受寒感冒。在饲养方面，要给予营养丰富、易消化的饲料。为缓解水肿和肾脏的负担，对饮水和食盐的量要适当限制。

2.消除感染

可选用抗生素如青霉素、氨苄青霉素、氯霉素、卡那霉素等。青霉素，1万～2万 IU/kg 体重，肌肉注射，2～3 次/d;氨苄青霉素，10～20 mg/kg 体重，肌肉注射，2 次/d;氯霉素，40 mg/kg 体重，肌肉或静脉注射，2 次/d。也可选用喹诺酮类如环丙沙星，5～10 mg/kg 体重，肌肉注射，2 次/d。

为防止尿路感染，可用乌洛托品 15～30 g，静脉注射或内服。

3.抑制免疫反应

鉴于免疫反应在肾炎的发病上起重要作用，而肾上腺皮质激素具有很强的抗炎和抗过敏作用。因此，肾炎病例可用激素治疗。醋酸泼尼松 50～150 mg，内服，2 次/d，连续 3～5 d 后，减量;地塞米松，0.1～0.2 mg/kg 体重，肌肉或静脉注射，1～2 次/d。

4.利尿消肿

当有明显水肿时，可选用利尿利水药。速尿，2～4 mg/kg 体重，静脉注射;双氢克尿噻 0.5～2 g，内服。

5.对症治疗

心脏衰弱时可应用强心剂，如安钠咖;出现尿毒症时，用 5%碳酸氢钠注射液 500～1 500 mL，静脉注射。有严重血尿时，用止血药物，如止血敏、维生素 K_3 等。大量出现蛋白尿时，可应用蛋白质合成药物，如苯丙酸诺龙或丙酸睾丸酮。

中兽医称急性肾炎为湿热蕴结证，治法为清热利湿，凉血止血，代表方剂“秦艽散”加减。慢性肾炎属水湿困脾证，治法为燥湿利水，方用“平胃散”合“五皮饮”加减:苍术 60 g，厚朴

60 g,陈皮 60 g,泽泻 45 g,大腹皮 30 g,茯苓皮 30 g,生姜皮 30 g,水煎服。

[预防]

加强饲养管理,防止牛受寒感冒、过劳,以减少病原微生物感染的机会。禁止饲喂有刺激性或发霉、变质饲料,防止中毒。对急性肾炎的病牛,应及时诊断、治疗,同时要消除发病因素。

任务二十七 膀胱炎

膀胱炎是指膀胱黏膜或黏膜下层的炎症,可分为卡他性、纤维蛋白性、化脓性、出血性膀胱炎四种。多发生于母牛,以卡他性膀胱炎最为多见。临床特征为尿频、尿痛,尿液中出现较多的膀胱上皮细胞、脓细胞、白细胞、红细胞及磷酸铵镁结晶等。

[病因]

1. 细菌感染

膀胱炎多由变形杆菌、化脓杆菌、葡萄球菌、绿脓杆菌、大肠杆菌等所引起,这些细菌通过血液循环或尿路感染而致病。

2. 邻近器官炎症蔓延

肾炎、输尿管炎、阴道炎、子宫内膜炎等蔓延至膀胱而发病。

3. 机械性或化学性刺激及损伤

导尿时导尿管损伤膀胱黏膜,膀胱结石、各种有毒物质或强烈刺激性药物(如松节油、甲醛等)的刺激,各种原因引起的尿潴留(如尿道结石等)均可引起本病。

[症状]

1. 急性膀胱炎

特征是排尿频繁和排尿疼痛。由于膀胱黏膜敏感性增高,患病动物频频排尿或屡做排尿姿势,但每次排出的尿量很少或呈点滴状流出,排尿时,表现疼痛不安。严重时由于膀胱(颈部)黏膜肿胀或膀胱括约肌痉挛性收缩,引起尿闭。此时,动物表现疼痛不安,呻吟。母畜后躯摇摆,阴门频频开张,公畜阴茎频频勃起。

直肠触诊膀胱时,病牛表现疼痛不安,膀胱体积缩小呈空虚感,间或高度充盈。尿液检查:卡他性膀胱炎时,尿液成分含有大量黏液和少量蛋白;化脓性膀胱炎时,尿中混有脓液;出血性膀胱炎时,尿中混有血液或血凝块;纤维蛋白性膀胱炎时,尿中混有纤维蛋白膜或坏死组织碎片。

尿沉渣中有大量白细胞、脓细胞、少量红细胞、膀胱上皮细胞、磷酸铵镁结晶等。

全身症状一般不明显,当炎症波及深层组织时,体温升高,食欲降低,精神沉郁。严重的出血性膀胱炎,可出现贫血现象。

2. 慢性膀胱炎

与急性膀胱炎相似,但病程长,程度轻,往往无排尿困难表现。

[诊断]

根据典型临床症状如尿频,排尿疼痛,膀胱空虚等,结合尿液检查,不难做出诊断。

[**治疗**]

治疗原则:加强饲养管理,抑菌消炎,防腐消毒及对症治疗。

1. 加强饲养管理

使病牛安静,饲喂无刺激性、富有营养且易消化的优质饲料,给予充足的饮水。

2. 局部疗法

进行膀胱冲洗。冲洗前,先将导尿管经尿道外口插入膀胱内,使膀胱内积尿排出,然后用消毒或收敛性药液冲洗,常用药物有0.1%高锰酸钾溶液、0.1%雷佛奴尔溶液、2%～3%硼酸溶液、1%～2%明矾溶液、0.5%鞣酸溶液、0.1%新洁尔灭溶液、0.5%～1%氯化钠溶液等。膀胱冲洗后,在膀胱内注入青霉素100万～200万IU,1～2次/d,效果良好。严重的膀胱炎在继发膀胱麻痹而排尿困难时,导尿管先不拔出,留置于膀胱内以便随时将尿液排出,并每日用消毒液冲洗膀胱,直至膀胱炎消退,才拔出导尿管。

3. 全身疗法

严重者,应用尿路消毒药或抗生素等。如乌洛托品、青霉素、氨苄青霉素、庆大霉素、卡那霉素、环丙沙星、恩诺沙星等。

中兽医称膀胱炎为气淋,主证为排尿艰涩,不断努责,尿少淋漓。治宜行气通淋。可用五苓散:白术30 g,桂枝25 g,猪苓30 g,茯苓30 g,泽泻30 g,共为末,开水冲,候温一次灌服。对于出血性膀胱炎,可服用秦艽散:秦艽50 g,瞿麦40 g,车前子40 g,当归35 g,赤芍35 g,炒蒲黄40 g,焦山楂40 g,阿胶25 g,研末,水调灌服。

[**预防**]

导尿管、膀胱镜要彻底消毒,操作时要严格按操作规程进行,防止膀胱及尿道黏膜的损伤感染。要及时治疗泌尿和生殖系统疾病,以防炎症蔓延至膀胱。加强饲养管理,防止尿结石的形成,防止病原及有毒物质侵入机体。

任务二十八　尿石症

尿石症又称尿结石,是指尿路中盐类结晶凝结成大小不一、数量不等的凝结物,刺激尿路黏膜而引起的出血性炎症和尿路阻塞性疾病。根据尿结石形成和阻塞部位不同,可分为肾盂结石、输尿管结石、膀胱结石和尿道结石等。临床上以腹痛,排尿障碍和血尿为特征。尿石症是肥育牛或放牧牛泌尿系统最重要的疾病,且主要在肉犊牛和去势的公犊牛中发生,多呈地区性发病。

[**病因**]

尿石的成因不十分清楚,但普遍认为是伴有泌尿器官病理状态下的全身性矿物质代谢紊乱的结果,并与下列因素有关:

1. 饲料因素

长期饲喂高钙、低磷和富硅、富磷的饲料,可引起体内盐类代谢紊乱,尿内盐类浓度增高,易结晶析出,促进尿石形成。

2.饮水缺乏

人工致病试验已证实,尿石的形成与机体脱水有关。天气炎热,饮水不足,尿量减少,尿液浓缩,使尿中盐类浓度增高,促使尿石的形成。

3.维生素A缺乏

维生素A或胡萝卜素缺乏,可导致尿路上皮组织过度角化,促进尿石形成。

4.感染因素

肾和尿路感染发炎时,炎性产物,脱落的上皮细胞及细菌积聚,可成为尿石形成的核心物质。

5.其他因素

甲状旁腺机能亢进,长期周期性尿液潴留,大量应用磺胺类药物等均可促进尿石的形成。公牛早期去势可降低远端泌尿道直径,是去势肉犊牛尿石症的诱因之一。

[**症状**]

尿石症的主要症状是排尿障碍、肾性腹痛和血尿。但由于尿石存在的部位及其对各器官损害程度的不同,其临床症状有差异。

结石位于肾盂时,多呈肾盂肾炎症状,有血尿。阻塞严重时,有肾盂积水,病牛肾区疼痛,运步强拘,步态紧张。

当结石移行至输尿管并发生阻塞时,病牛腹痛剧烈。直肠内触诊,可触摸到其阻塞部的近肾端的输尿管显著紧张而且膨胀。

结石位于膀胱腔时,有时不呈现明显症状,大多数患牛表现频尿或血尿。直肠触诊膀胱,膀胱敏感性增高,可能触到结石,压迫表现疼痛。公牛有时可见细小结石随尿排出附于尿道口周围的被毛上,形成沙粒结晶。

二维码5-1 尿道口周围的被毛上,形成沙粒结晶

尿结石位于膀胱颈部时,患牛呈现明显的疼痛和排尿障碍,常呈现排尿姿势,但尿量较少或无尿排出。排尿时患牛呻吟,腹壁抽搐。

尿道结石,公牛多发生于乙状弯曲或会阴部。当尿道不完全阻塞时,病牛排尿痛苦且排尿时间延长,尿液呈滴状或线状流出,有时有血尿。当尿道完全被阻塞时,则出现尿闭或肾性腹痛现象,病牛频频举尾,屡做排尿动作但无尿排出。尿路探诊可触及尿石所在部位,尿道外部触诊,病牛有疼痛感。直肠内触诊时,膀胱内尿液充满,体积增大。若长期尿闭,可发生膀胱破裂,尿液进入腹腔后,可继发尿性腹膜炎或尿毒症。

当尿道结石过久时,结石部尿道压迫性坏死,引起尿道破裂,尿液在皮下沉积,沿包皮向腹下部延伸,形成被称作"水腹"的指压留痕的水肿。有的在会阴部或腹下形成一个大的充满尿液的包囊,局部组织处于坏死状态。

在结石未引起刺激和阻塞作用时,常不显现任何临床症状。

二维码5-2 公牛乙状弯曲部的尿道破裂,病牛下腹部充满尿液而明显浮肿

[**诊断**]

尿石症由于无特征性的临床症状,若不导致尿道阻塞,则诊断较为困难。一般根据病史(饲料、饮水),临床症状(排尿障碍、肾性腹痛),尿液变化(尿中有血液或微细砾样物质),尿道触诊(公畜尿道阻塞部膨

大，压迫时疼痛不安）以及直肠检查，进行综合诊断。如有条件时，可施行 X 线透视或造影检查。

［**治疗**］

治疗原则是消除结石，控制感染，对症治疗。

1. 冲洗疗法

导尿管消毒，涂擦润滑剂，缓慢插入尿道或膀胱，注入消毒液体，反复冲洗。适用于粉末状或沙粒状尿石。

2. 应用利尿剂

当尿道未完全阻塞时，为了促进尿石排出，可用利尿剂，以稀释尿液晶体浓度，并冲洗细小尿石，如双氢克尿噻 0.5～1 g，内服，2 次/d。但需注意，当尿道完全阻塞时，不可用利尿剂。

3. 尿道肌肉松弛剂

当尿结石严重时可使用 2.5％的氯丙嗪溶液 10～20 mL，肌肉注射。

4. 手术治疗

尿石阻塞在膀胱或尿道的病例，可实施手术切开，将尿石取出。

中兽医称此病为"砂石淋"，治疗以清热利湿，通淋排石为主，一般多用排石汤（石苇汤）加减：海金沙 50～80 g，鸡内金 20～30 g，石苇 50 g，滑石 50 g，瞿麦 30 g，萹蓄 30 g，车前子 60 g，泽泻 25 g，水煎去渣，候温灌服。

据报道，对草酸盐尿石的病牛，应用硫酸阿托品或硫酸镁内服；对有磷酸盐尿结石的病牛，应用稀盐酸进行冲洗治疗获得良好的治疗效果。

［**预防**］

合理调配饲料日粮，注意饲料中的钙磷比例平衡，并注意饲喂富含维生素 A 的饲料。平时应适当增喂多汁饲料或增加饮水，以稀释尿液，减少对泌尿器官的刺激，并保持尿中胶体与晶体的平衡。在肥育犊牛的日粮中加入 4％的氯化钠对尿石的发病有一定的预防作用，同样，在饲料中补充氯化铵，对预防磷酸盐结石有令人满意的效果。对泌尿器官炎症性疾病应及时治疗，以免出现尿潴留。有条件的可将饮水磁化后再放入水槽中，经过 1 h，让病牛自由饮水。饮水通过磁化后，pH 升高，溶解能力增强，不仅能预防尿石的形成，而且能使尿石疏松破碎而排出。

【案例分析】

分析以下案例，根据病史和临床检查，提出初步诊断，制订治疗措施（开出处方）。

案例 1　犊牛，32 日龄，发病已 4 d，吃奶减少，有努责表现，排出少量稀软粪便，不见排尿。曾灌服液体石蜡治疗，但无效。临床检查：病犊站立时，四肢伸直，不时磨牙，行走时步态蹒跚，表现痛苦；腹围增大，触诊有波动感，冲击时有振水音；距龟头 8 cm 处的尿道中，可摸到黄豆粒大的阻塞物，腹腔穿刺液呈暗红色，pH 为 7.0，镜检有大量红细胞、脓细胞及膀胱上皮细胞。病犊体温 38.9℃，脉搏 95 次/min，呼吸 87 次/min。

案例 2　一奶牛，精神沉郁，食欲减退，体温 39.2℃，脉搏 81 次/min，呼吸数 27 次/min。排尿次数增多，尿液浑浊，排尿时尾巴翘起，阴户区不断抽动，有时出现持续性尿淋漓，痛苦不安等症状。直肠检查，病牛抗拒，触诊膀胱，敏感，手感空虚。

案例3 病牛精神沉郁，食欲下降，反刍减少，泌乳量下降，消瘦，消化不良。体温39.5℃，脉搏82次/min，呼吸27次/min。卧多立少，站立时拱背，两后肢叉开，不愿行走，强迫行走时腰部僵硬，后肢步态强拘；触诊肾区敏感，直肠检查，肾脏体积肿大且敏感。尿液检查，尿中有大量红细胞、白细胞和肾上皮细胞。

【知识拓展】

表现泌尿系统症状的牛病

1. 表现排尿异常(频尿、少尿、血尿等)的牛病

主要有肾炎、膀胱炎、尿道炎、尿石症。

肾炎：体温升高，消化紊乱。站立时拱背，运步时背腰僵硬，小心，步态强拘，肾区敏感，肾脏肿大。泌尿机能障碍，尿沉渣中可见有红细胞、白细胞、蛋白质、管型和肾上皮。第二心音增强，水肿。

膀胱炎：尿液浑浊有氨臭味，膀胱空虚，触诊敏感，尿沉渣中有大量膀胱上皮组织碎片及病原菌。

尿道炎：频尿、尿淋漓，尿道黏膜潮红、肿胀、触诊敏感，导尿管插入受阻及疼痛不安，尿沉渣中有大量尿道上皮。

尿石症：腹痛，排尿障碍，血尿，尿沉渣中可发现有细沙样物质。

2. 表现为红尿的牛病

主要有肾炎、膀胱炎、尿道炎、肾结石、膀胱结石、输尿管结石、尿道结石、产后血蛋白尿病、菜籽饼(粕)中毒、铜中毒、水中毒、钩端螺旋体病、梨形虫病、牛细菌性血红蛋白尿、牛蕨中毒等。

肾炎：全程血尿，体温升高，消化紊乱。站立时拱背，运步时腰脊僵硬，小心，步态强拘，肾区敏感，肾脏肿大，水肿。少尿或无尿，尿中有大量红细胞、白细胞、蛋白质、管型和肾上皮。第二心音增强。

膀胱炎：排尿末期带血明显，尿液浑浊有氨臭味，频尿，排尿疼痛不安，膀胱多空虚，触诊敏感，尿沉渣中有大量膀胱上皮。

尿道炎：排尿初期带血，排尿不畅，尿道黏膜潮红、肿胀、触诊敏感，尿沉渣中有大量尿道上皮。

肾结石：排尿全程带血，拱背，运步小心，肾区敏感，排尿障碍，X线或B超检查可确诊。

膀胱结石：排尿末期带血，频尿、排尿痛苦，触诊膀胱敏感，有硬物，X线或B超检查可确诊。

输尿管结石：全程血尿，剧烈疼痛不安，直肠内触诊，可见阻塞部近肾端的输尿管显著紧张且膨胀，而远端呈正常柔软的感觉。X线检查可确诊。

尿道结石：公牛多发生于乙状曲或龟头的上方，排尿初期带血，排尿不畅或停止，尿道探诊时，可触及尿石所在部位，导尿管不能插入膀胱中，尿道外部触诊有疼痛感。膀胱积尿，X线检查可见尿道中有结石。

产后血蛋白尿病：发病的主要原因是饲喂低磷日粮，主要发生于分娩后2～4周的3～6

胎的高产母牛。血红蛋白尿，贫血，低磷酸盐血症。磷制剂治疗有特效。

菜籽饼（粕）中毒：有采食菜籽饼（粕）的病史。咳嗽，黏膜苍白、黄染，临床上以胃肠炎、呼吸困难、血红蛋白尿及甲状腺肿大为特征。

慢性铜中毒：本病往往有接触或误服硫酸铜及其铜盐的病史。主要表现为贫血，血红蛋白尿，可视黏膜苍白、黄染。

水中毒：暴饮而发病，多发生在幼龄犊牛。腹痛，排浅红色、红色、咖啡色或酱油色血红蛋白尿。

钩端螺旋体病：由钩端螺旋体引起，以贫血、黄疸、血红蛋白尿、黏膜和皮肤坏死及短期发热为特征。本病的发生有明显的季节性，多发于夏秋季节鼠类大量繁殖活动时期，多呈地方性流行或散发。犊牛较成年牛易发病而且症状严重。体温升高，全身症状明显，可视黏膜苍白、黄染，鼻唇部黏膜坏死，表现不同程度的血红蛋白尿。通过微生物和血清学检查可确诊。

梨形虫病：通过蜱吸血而传播。主要在夏秋季节流行，高热稽留，可视黏膜苍白、黄染，血红蛋白尿，淋巴结肿大。发病与年龄、性别、分娩无关。采血镜检在红细胞中可检出虫体。

牛细菌性血红蛋白尿：由溶血性梭菌感染引起，发病急，有高热及肠出血，病程短，常在24～36 h内死亡。病初用广谱抗生素有一定效果。

牛蕨中毒：因采食蕨而引起中毒，渐进性消瘦，步态蹒跚，可视黏膜苍白、黄染，排稀软的红色粪便，可视黏膜及皮肤有斑点状出血，孕牛流产，泌乳牛可排出带血的乳汁。慢性典型症状是血尿，渐进性消瘦，贫血，虚弱。

【考核评价】

导尿及膀胱冲洗术

一、考核题目

母牛，因排尿障碍而就诊。临床检查：患牛食欲降低，反刍减少，体温39.1℃，鼻镜干燥，口腔干燥，不安，前肢不断刨地，后肢时常张开，举尾、蹲腰、拱背、努责，频尿，尿液浑浊，有强烈的氨臭味。阴门处有黄褐色的胶状物。用开膣器检查时发现尿道口有一团灰褐色的胶状物堵住，去除胶状物后，流出近50 mL浑浊带血的尿液。兽医人员初步诊断为膀胱炎，决定对该患牛进行导尿及膀胱冲洗疗法。请写出导尿及膀胱冲洗技术的适应症、操作方法及注意事项。

二、考核标准

［**应用**］

主要用于尿道炎及膀胱炎的治疗，目的是排除尿道或膀胱内的炎性渗出物、尿液和注入的药液，促进炎症痊愈；也可用于采集尿液供实验室检验。本法对母畜操作较容易。

［**准备**］

导尿管、膀胱洗涤器或注射器、冲洗药液（冲洗药液宜选择刺激或腐蚀性小的消毒、收敛剂。常用的有生理盐水、2%硼酸溶液、0.1%高锰酸钾溶液、1%～2%石炭酸溶液、0.1%～0.2%雷佛奴尔溶液等。此外，也常用抗生素及磺胺制剂的溶液）等。用前将导尿管放在0.1%高锰酸钾溶液中浸泡5～15 min，涂润滑剂。

［**方法**］

动物于柱栏内站立保定，助手将尾巴拉向一侧或吊起，术者将导尿管握于掌心，前端与食指同长，呈圆锥形伸入阴道15～20 cm，先用手指触摸尿道口，轻轻刺激或扩张尿道口，然后插入导尿管，徐徐推进，当进入膀胱后，则无阻力尿液自然流出。排完尿后，导尿管外端连接洗涤器或注射器，注入冲洗药液，反复冲洗，直至排出药液透明为止。

［**注意事项**］

（1）所用器具应用前要严格消毒，母畜的外阴部要清洗消毒，操作要按无菌操作原则进行，以防尿路感染。

（2）识别母畜尿道口有困难时，可用开膣器开张阴道，即可看到尿道口。

（3）插入导尿管时，防止粗暴操作，以免损伤尿道黏膜或造成膀胱壁穿孔。

【知识链接】

膀胱穿刺术

［**应用**］

膀胱穿刺是指用穿刺针通过直肠或腹壁刺入膀胱内的一种穿刺方法。当动物发生尿路阻塞或膀胱麻痹时，尿液在膀胱内潴留，易导致膀胱破裂，须采取膀胱穿刺排出尿液，以缓解症状；或采集尿液供实验室检验。

［**准备**］

连有长胶管的12～16号长针头。

［**部位**］

可通过直肠对膀胱进行穿刺。

［**方法**］

站立保定，首先灌肠排除积粪，然后将带有长胶管的12～16号长针头握于手掌中并使手呈锥形而缓慢伸入直肠，在直肠正下方触摸充满尿液的膀胱，在其最高处将针头向前下方刺入，并固定好针头，直至排完尿液为止。必要时，也可在胶管外端连接注射器，向膀胱内注入药液。穿刺完毕，再将针头同样握于手掌中带出。

［**注意事项**］

（1）防止针头滑脱，多次穿刺易引起腹膜炎和膀胱炎，因此一定要固定好针头。

（2）牛努责严重时，不能强行从直肠内进行膀胱穿刺。

Project 6

神经系统疾病

学习目标

(1)掌握神经系统疾病的初步诊断。

(2)了解脑膜脑炎、日射病和热射病的概念、病因,掌握其症状、诊断、治疗及预防。

【学习内容】

任务二十九　脑膜脑炎

脑膜脑炎是软脑膜及脑实质发生的炎症，并伴有严重脑机能障碍的疾病，又称脑炎或脑膜炎。常见于犊牛。

［**病因**］

1. 感染

革兰氏阴性菌(大肠杆菌、沙门氏菌等)性败血症是新生犊牛脑炎的最主要原因，并以大肠杆菌最为常见。其败血症可能源于犊牛脐部感染或经口食入病原微生物。

本病成年牛不多见，多为散发性，多因乳腺、子宫急性感染或慢性创伤性网胃腹膜炎、心包炎，导致细菌性败血症扩散所致。霉菌性乳房炎、霉菌性瘤胃炎可继发栓塞性败血症而引起霉菌性脑炎或栓塞性脑膜脑炎。

2. 中毒

中毒因素可见于铅中毒、霉玉米中毒及各种原因引起的严重的自体中毒，如急性消化不良等，但程度有差异。

3. 寄生虫病

脑膜脑炎也见于一些寄生虫病，如脑脊髓丝虫病、脑包虫病等。

4. 其他

受寒感冒、日光暴晒、酷暑时车船长途运输等外界因素均可造成动物的抵抗力下降，构成本病的诱因。

［**症状**］

牛脑炎以兴奋为主，有的则以精神沉郁为主，或兴奋与沉郁交替发生。病初表现精神沉郁，呆立不动或取不自然姿势，行走时步态不稳，共济失调。经数小时后呈现剧烈兴奋状态，狂暴不安，不顾障碍，前冲后退，哞叫，磨牙空嚼，口流泡沫。继兴奋之后转入抑制状态，耳耷头低，闭目昏睡，或转圈和无目的的徘徊，卧倒后四肢呈游泳姿势。

新生犊牛脑炎有典型的发热，嗜睡，间歇性癫痫，低头甚至失明症状。病牛步态僵硬，头颈伸展、强直，眼睑半闭，表现“头痛”痛苦症状。有的表现为角弓反张现象，严重败血症者，可出现低血容量性休克和虚脱。

成年牛脑膜脑炎常表现高热，精神沉郁，步态异常和“头痛”现象。但癫痫样症状较犊牛少见。

二维码 6-1　犊牛脑膜脑炎时四肢游泳样划动

［**诊断**］

根据临床症状，结合病史调查和分析，可以做出初步诊断。确诊困难时，可进行脑脊液检查，脑膜脑炎病例，可见脑脊液多而浑浊，其脑脊液内中性粒细胞数和蛋白质含量增加。

[**治疗**]

本病的治疗原则是抗菌消炎，降低颅内压和对症治疗。

1. 抗菌消炎

10%磺胺嘧啶钠注射液 100～200 mL，静脉注射。新生犊牛脑膜脑炎大多为大肠杆菌感染，应选择氨基糖苷类或其他有效抗生素，如庆大霉素，2.2 mg/kg 体重，肌肉注射，2～3 次/d；丁胺卡那霉素，4.4～6.6 mg/kg 体重，肌肉注射，2 次/d；磺胺三甲氧苄胺嘧啶，22 mg/kg 体重，2 次/d。

2. 降低颅内压

可先颈静脉放血 1 000～2 000 mL，再用等量的 10%葡萄糖并加入 40%乌洛托品 50～100 mL，静脉注射。也可用 25%山梨醇或 20%甘露醇液 500～1 000 mL，静脉注射。

3. 镇静

病牛强烈兴奋时，可以用镇静剂，如 2.5%盐酸氯丙嗪 10～20 mL，肌肉注射，或 10%硫酸镁 100～200 mL，静脉注射。

4. 中兽医疗法

中兽医称脑膜脑炎为"脑黄"，是由热毒扰心所致。治则采用清热解毒，解痉息风和镇心安神。

镇心散和白虎汤加减：生石膏(先入)150 g，知母 60 g，黄芩 60 g，栀子 60 g，贝母 60 g，藁本 45 g，草决明 45 g，菊花 45 g，远志 30 g，当归 30 g，茯苓 30 g，川芎 30 g，黄芪 30 g，朱砂 10 g，水煎服。

朱砂散加减：朱砂 10 g，茯神 45 g，黄连 30 g，栀子 45 g，远志 35 g，郁金 40 g，黄芩 45 g，水煎去渣，冷后加蛋清 100 mL，蜂蜜 120 mL 混合，一次灌服。用于兴奋型。

[**预防**]

平时加强饲养管理，圈舍要清洁卫生，做好预防接种工作，防止传染性与中毒性因素的侵袭。

任务三十 日射病和热射病

日射病是家畜在炎热的季节中，头部持续受到强烈的日光照射而引起的中枢神经系统机能严重障碍性疾病。热射病是动物所处的外界环境气温高，湿度大，产热多，散热少，体内积热而引起的严重中枢神经系统机能紊乱的疾病。临床上日射病和热射病统称为中暑。本病在炎热的夏季多见，病情发展急剧，甚至迅速死亡。

[**病因**]

由于炎热季节，烈日暴晒，长途运输，重剧使役或长时间处在闷热不通风的厩舍、拥挤的车船内等热应激是引起本病的常见病因。此外，牛体质衰弱，皮肤卫生不良，肥胖，呼吸和心脏机能不全，出汗过多，饮水不足，缺乏食盐，或在炎热天气从北方运往南方的牛，适应性不强，耐热能力差，都易促使本病的发生。

[**症状**]

在临床实践中，日射病和热射病常同时存在，因而很难精确区分。

(1)日射病　常突然发生，病牛精神沉郁，四肢无力，步态不稳，共济失调，突然倒地，四肢做游泳样运动。随着病情进一步发展，体温略有升高，呈现呼吸中枢、血管运动中枢机能紊乱、甚至麻痹症状。心力衰竭，静脉怒张，脉微弱，呼吸急促而节律失调，结膜发绀，瞳孔散大，皮肤干燥。皮肤、角膜、肛门反射减退或消失，腱反射亢进，常发生剧烈的痉挛或抽搐，或呼吸麻痹，通常在几小时或1～2 d内死亡。

(2)热射病　突然发病，体温急剧上升，高达41℃以上，皮温增高，出汗。病畜站立不稳或倒地张口喘气，有时出现短暂的兴奋现象，狂躁不安，很快转为抑制。呼吸迫促，鼻孔流出粉红色、带小泡沫的鼻液。心悸，脉搏疾速，每分钟可达100次以上。眼结膜充血，瞳孔扩大或缩小。后期病畜呈昏迷状态，意识丧失，四肢划动，呼吸浅而疾速，节律不齐，脉不感手，第一心音微弱，第二心音消失，血压下降，肌肉剧烈痉挛或抽搐。常因呼吸中枢麻痹而死亡。

血液检查，红细胞压积升高，高达60%；血清K^+、Na^+、Cl^-含量降低。

[**诊断**]

根据发病季节、环境等病史资料和体温显著升高，呼吸、脉搏急速，心肺机能障碍和倒地昏迷等热衰竭症状，容易确诊。但应与急性心力衰竭、肺充血或肺水肿、脑膜脑炎等疾病相区别。

[**治疗**]

治疗原则是消除病因，加强护理，促进机体散热和缓解心肺机能障碍。

在护理上，首先将病牛移到阴凉、通风的地方，用冷水浇头或浇注全身，或冷水直肠灌注，或头部放置冰袋，同时饮给大量清淡凉盐水。体质较好者可泻血1 000～2 000 mL，同时静脉注射等量生理盐水，以促进机体散热。

促进机体降温，还可用2.5%盐酸氯丙嗪10～20 mL，肌肉注射。

对心功能不全者，可用复方氯化钠2 000 mL，20%安钠咖10～20 mL，静脉注射。为防止肺水肿，可用地塞米松1～2 mg/kg体重，静脉注射，或用速尿，其剂量是0.5～1 mg/kg体重。

纠正酸中毒，可用5%碳酸氢钠液500～1 000 mL，静脉注射。

[**预防**]

加强饲养管理，炎热夏季使役不能过度，防止日光直射头部。厩舍及车船运输不能过度拥挤，要注意充分休息，给足饮水，补喂食盐等。

【案例分析】

分析以下案例，根据病史和临床检查，提出初步诊断，制订治疗措施(开出处方)。

案例1　3月龄犊牛，突然发病，就诊。临床检查：患牛躺卧在地，突然狂躁不安，不时哞叫，口吐白沫，头颈高举偏向一侧，肌肉颤抖，四肢呈游泳状划动。3 min后，逐渐安静，呈昏睡状态。体温40.2℃。

案例2　主诉症状：母牛，体重约350 kg，中午拴在没有遮阴的院子里，当时外界温度35℃左右，在没有饮水的情况下在阳光下暴晒约3 h后突然发病。临床检查：病牛卧地，体温41.8℃，皮肤烫手，出汗，心动过速，呼吸急促，节律失调，肺区听诊有湿啰音，皮肤、角膜反射减退，肌肉痉挛。

案例3 某养殖户饲养的13头3～5月龄犊牛中有2头在7月份发病。患病犊牛精神沉郁，食欲废绝，目光凝滞，步态不稳，呼吸急促，鼻镜干燥，眼结膜发绀，体温高达42.5℃，触之皮肤有灼热感。此养殖户牛舍空间狭窄，牛只拥挤，通风不良，圈舍高温高湿，其他未发病牛只也出现程度不同的呼吸急促等症状。

【知识拓展】

表现神经症状的牛病

主要表现为过度兴奋、转圈、抽搐、痉挛、麻痹等，常见于脑膜脑炎、日射病及热射病、脑震荡及脑挫伤、脊髓挫伤及震荡、神经型酮病、维生素 B_1 缺乏症、食盐中毒、菜籽饼（粕）中毒、有机磷中毒、急性氟中毒、尿素中毒等疾病，鉴别诊断要点如下。

脑膜脑炎：意识障碍，过度兴奋与抑制交替发生，体温升高，明显的运动和感觉机能障碍。

日射病及热射病：多在炎热季节发病，精神抑制，步态不稳，体温显著升高，呼吸急促，脉搏快速，体表静脉怒张。如治疗得当，迅速康复。

脑震荡及脑挫伤：主要由于头部遭受暴力作用所引起，并立即呈现不同程度昏迷状态，很少见到兴奋症状，常伴有痉挛或麻痹症状。

脊髓挫伤及震荡：后躯瘫痪，排粪、排尿失禁。

神经型酮病：多发生于产后2～6周，简易定性检查血、尿、乳中酮体为阳性，血糖浓度降低。

维生素 B_1 缺乏症：可发生于犊牛，有缺乏谷物饲料或青绿饲料的病史，易兴奋，痉挛，抽搐，惊厥。倒地后，牙关紧闭，眼球震颤，角弓反张。应用硫胺素治疗效果明显。

食盐中毒：有摄入大量食盐或其他钠盐的病史。口渴，腹痛，腹泻，粪中混有黏液和血液。

菜籽饼（粕）中毒：长期或大量采食菜籽饼（粕）而发病。肺水肿或肺气肿，呼吸极度困难。

有机磷中毒：有接触有机磷农药的病史。流涎、腹痛，腹泻，出汗，瞳孔缩小，肌肉痉挛、震颤，呼吸困难，肺水肿。

急性氟中毒：腹痛，腹泻，流涎，呼吸困难，感觉过敏，阵发性痉挛，易惊。

马铃薯中毒：因采食腐败变质、发芽、见光变绿的马铃薯或马铃薯茎叶而发病。病初兴奋不安，流涎，腹痛，腹泻，瞳孔散大，步态蹒跚，后躯无力甚至麻痹，肌肉松弛。口唇周围、肛门、尾根发生湿疹或皮炎。

尿素中毒：有饲喂尿素的病史，瘤胃臌气，呼吸困难。

【考核评价】

神经系统疾病的一般临床症状

一、考核题目

神经系统是动物体最重要的器官系统，是机体各器官活动的主要协调机构，几乎对所有的机能都发挥着调节作用。当机体受到强烈的外界和内在因素，尤其是对神经系统有直接危害作用的致病因素侵害时，神经系统的正常反射或运动机能就会受到影响或遭到破坏，从而引起病理变化。请你根据所需知识或相关资料，简述神经系统疾病的一般临床症状。

二、考核标准

神经系统疾病的主要临床症状表现包括精神状态异常、感觉障碍、运动障碍和植物性神经机能紊乱等。

1. 精神状态异常

主要表现为高度兴奋或精神沉郁两种类型。

2. 感觉障碍

外周感受器或传入神经以及大脑皮层感受器任何部位受到损伤都可以发生感觉障碍，而感觉障碍主要表现为感觉缺失、感觉过敏和感觉异常等。

(1)感觉缺失　见于外周感受器、传入神经纤维受到器质性损伤，或因刺激而转入抑制状态时，由于受损部位不同，可表现为全部感觉丧失或部位感觉丧失，如触觉丧失、痛觉丧失、温觉丧失等。

(2)感觉过敏　由于神经中枢或感觉神经末梢的兴奋性升高所致。其兴奋性升高的原因，可能与局部轻微病灶或邻近部位有较强的刺激病灶作用有关。

(3)感觉异常　多发生于外周神经遭受各种病理性刺激作用，如神经炎、皮炎等。

3. 运动障碍

运动障碍分为中枢性和外周性两类，主要临床表现是麻痹、痉挛、共济失调和植物性神经机能紊乱。

(1)麻痹　根据病变部位的不同，可出现中枢性麻痹和外周性麻痹两种类型。中枢性麻痹表现的特征是腱反射增加，皮肤反射减弱和肌肉的紧张性增强，并迅速使肌肉僵硬。中枢性麻痹时，多伴有中枢神经过敏机能障碍(如昏迷)。外周性麻痹临床特点为受损伤区域的肌肉显著萎缩，其紧张性减弱，皮肤和腱反射减弱。如面神经麻痹、坐骨神经麻痹、三叉神经麻痹等。

(2)痉挛　肌肉不随意收缩的一种病理现象。

(3)共济失调　病畜主要表现为体躯的平衡失调、步态不稳和动作不协调。

(4)植物性神经系统机能紊乱　根据受损部位，植物性神经系统机能紊乱可分为交感或副交感性和中枢性两种。

交感或副交感神经受损伤引起的植物性神经机能紊乱最常见于外伤、炎症和肿瘤等因素，使交感或副交感神经受损，其紊乱可出现机能亢进和机能缺失。当交感或副交感神经受病因刺激而发生机能亢进时，则相应部位的皮肤-血管发生收缩，体表温度下降或出汗增多。而当交感或副交感神经机能缺失时，则相应部位的皮肤血管扩张、充血、发热、排汗减少、皮肤干燥。

中枢性植物性神经紊乱的发生主要是因控制植物性神经机能中枢，如脊髓、延髓、下丘脑和大脑皮层的外伤、炎症和肿瘤等病变所致，也可因血液循环障碍以及感染因素所引起。临床上病畜可出现排粪、排尿障碍、出汗、吞咽障碍、体温下降和嗜睡等症状。

【知识链接】

颈椎及腰椎穿刺术

[应用]

临床应用于测定颅内压或排除脑脊髓腔内积液来降低颅内压;采取脑脊髓液做理化检验和病理检查;或向脊髓腔内注入药液,进行特殊的治疗。

[部位]

(1)腰椎穿刺部位　在最后腰椎和荐椎之间凹陷处,即腰十字部的“百会穴”位置(图 6-1)。大动物通常在此穿刺。

(2)颈椎穿刺部位　在后头骨与第一颈椎或第一、二颈椎之间的脊上孔(图 6-1)。

[方法]

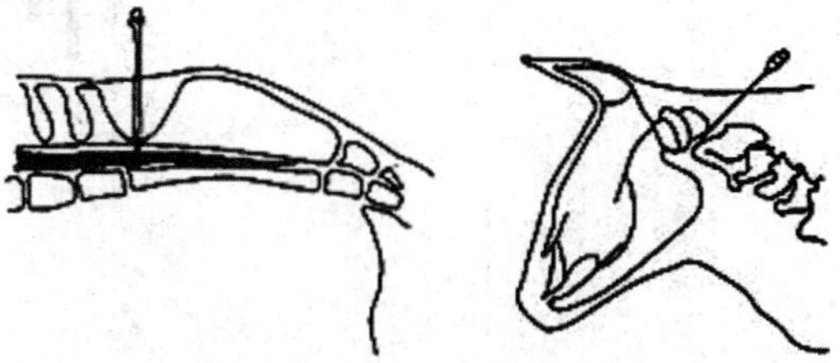

图 6-1　腰椎及颈椎穿刺部位

大动物站立保定,确实保定后躯,防止跳动。颈椎穿刺时,应尽量使其头部向前下方屈曲,以充分暴露术部。

术部剪毛、消毒后,用拇指和中指握定针头,食指压定在针尾上,对准术部,按垂直方向缓缓刺入(穿刺深度牛 6～8 cm),待针穿透棘间韧带及硬膜进入脊髓腔时,手感阻力突然消失(如同穿透牛皮纸样的感觉,动物尾根甚至后躯可见突然跳动)。此时拔出针芯,即有脑脊液流出。穿刺完毕,插入针芯并用酒精棉球压住穿刺孔周围的皮肤,然后拔出穿刺针,术部涂以碘酊。

[注意事项]

(1)操作中所用器械均要严格消毒,以免感染。

(2)确实保定动物,穿刺过程中,如遇动物骚动不安时,应暂缓进针。

(3)穿刺不宜过深,并切忌捻转穿刺针,以免损伤脊髓组织。

(4)对颅内压增高的病畜,排液速度不宜过快,排液量不宜过多,以免因椎管内压力骤减而发生脑疝。

Project 7

中毒性疾病

学习目标

(1)了解中毒病的发病特点、病因、一般症状，掌握中毒病的一般治疗方法。

(2)了解硝酸盐及亚硝酸盐中毒、氢氰酸中毒、酒糟中毒、马铃薯中毒、棉籽饼(粕)中毒、黄曲霉毒素中毒、尿素中毒、有机磷农药中毒、食盐中毒、犊牛水中毒等的病因，掌握其症状、诊断、治疗及预防。

【学习内容】

任务三十一　中毒病的救治

动物中毒病发病急剧，症状严重，应及时准确的诊断、治疗，即使尚未明确为何种毒物也应立即按一般治疗措施进行急救。中毒病的一般急救措施包括：尽快促进毒物排除，应用解毒剂，实施必要的全身治疗和对症治疗。

1. 除去毒源

立即停止饲喂和应用一切可疑饲料、饮水，收集、清除甚至销毁可疑饲料、呕吐物、毒饵等，清洗、消毒饲饮用具、厩舍、场地。如怀疑为吸入或接触性中毒时，应迅速将病畜撤离现场，将病畜置于空气清新和安静的环境，供给清洁的饮水和优质草料。

2. 促进体内毒物排除，减少毒物吸收

主要采取洗胃、泻下、灌肠、泻血和利尿等方法。

(1)洗胃　毒物进入消化道后，洗胃是一种有效的排出毒物的方法，一般在毒物进入消化道 6 h 以内者效果较好，牛的洗胃效果比马属动物、猪和羊要好。在毒物性质不明时，最好用清洁常水洗胃，毒物性质明确时，可选用针对性的洗胃剂，通过吸附、沉淀、氧化、中和等，使其失去毒性或阻滞吸收，从而能够确切地被排除。但在腐蚀性毒物中毒时容易导致胃穿孔，不可洗胃；抽搐痉挛、昏迷或半麻醉的动物也不宜洗胃，必要时可在间歇期或清醒时进行。常用洗胃剂及注意事项见表 7-1。

表 7-1　常用洗胃剂及注意事项

洗胃剂	适应症	作用及注意事项
温开水、温生理盐水或温肥皂水	不明毒物中毒。砷化物、硝酸银中毒可用生理盐水	勿用热溶液，避免扩张血管，促进毒物吸收
0.02%～0.05%高锰酸钾溶液	砷化物、氰化物、无机磷、生物碱中毒等	可氧化毒物。1605、1059、3911、乐果等经氧化后毒性增强，故禁用该溶液
1%～3%碳酸氢钠(小苏打)溶液	生物碱、汞、铁及有机磷中毒	沉淀多种生物碱，中和胃酸，结合某些重金属，分解大多数有机磷农药。但敌百虫在碱性条件下可转化成毒性更强的敌敌畏，应禁用。另外，碳酸氢钠可产气，1 次不可大量灌入
0.2%～0.5%活性炭等渗盐水	各种化学物质(氰化物除外)中毒	吸附作用
3%过氧化氢溶液	无机磷、氰化物等中毒	氧化作用。本品容易产生气体，腐蚀性毒物中毒禁用
3%～5%鞣酸溶液	重金属、生物碱、草酸等中毒	沉淀作用
石灰水上清液(1 kg 石灰加 4～5 kg 水)	氟化物中毒、反刍动物瘤胃酸中毒	中和瘤胃中的酸，并生成难容的有机酸钙盐

续表 7-1

洗胃剂	适应症	作用及注意事项
5%硫代硫酸钠溶液	碘、砷、汞、氰化物中毒	形成无毒的硫化物
5%甲醛次硫酸钠溶液	汞中毒	沉淀作用
1%葡萄糖酸钙或氯化钙溶液	氟化物、草酸盐中毒	沉淀作用，形成不溶性钙盐
微温浓茶水	重金属、生物碱等中毒	沉淀作用
1%碘溶液或碘酊水溶液（500 mL 水中加入 15 滴碘酊）	生物碱中毒	沉淀作用

（引自刘宗平. 动物中毒病学. 2006）

要想把胃内容物冲洗完是不可能的，反刍兽瘤胃切开术是胃排空的唯一有效方法。瘤胃内容物排空后，必须灌入合适的液体，可用切碎的干草、麸皮和碾碎的燕麦混合，开水烫熟，并保持与体温相同的温度，作为一种正常瘤胃内容物的代替品。最好把健康牛反刍的食物导入病牛的瘤胃内，以便重新建立微生物菌群

(2)泻下　一般用于中毒的中期，使已经进入肠道的毒物，尽可能迅速排出，以避免或减少在肠内的吸收，泻下时应采用轻泻药或缓泻药泻下，忌用刺激性泻剂。盐类泻剂因其渗透压的作用，排除毒物的效果较好，其中硫酸钠比硫酸镁更佳，因发生中毒时，肠管受到损伤，容易吸收镁离子，从而对中枢神经系统和呼吸系统产生抑制作用。肾功能减退时，排泄障碍，更能增加镁的毒性。某些抑制肠蠕动的药物（如巴比妥类、颠茄等）也可增加镁的吸收。油类泻剂多用于生物碱中毒，而不能用于脂溶性毒物（有机磷农药、酚类、碘等）中毒，因许多毒物具有脂溶性，用油类泻剂会促使毒物吸收而加重毒性。如中毒伴发严重腹泻或脱水者，应慎用或不用泻剂。

(3)灌肠　中毒时间较长的（1～2 d），后部肠管已有毒物存在，故可采用灌肠，促使毒物与宿粪的排出，对抑制肠蠕动的药物（如巴比妥类、吗啡等）及重金属中毒尤为重要。灌肠可用温水、肥皂水或 1%食盐溶液等，且最好与相应的解毒药或吸附剂并用。但腐蚀性毒物或病畜极度虚弱时，严禁灌肠。

(4)利尿　大部分毒物，尤其是水溶性毒物，肾脏是其主要排泄途径，因此利尿是促进毒物排泄的重要措施之一。为此，可用速尿、双氢克尿噻、醋酸钾等利尿剂，也可用山梨醇、甘露醇等高渗利尿剂。利尿的同时应注意水和电解质的平衡，同时还应考虑心脏负荷等。如有急性肾衰竭时，则不宜采用利尿法。另外，静脉注射葡萄糖溶液可增加尿量而促使毒物的排出。

(5)放血　对体质状况良好和中毒初期病畜，毒物停留在血液中未侵及肾脏时，静脉放血有良好效果，通过放血使部分血液中的毒物随放血排出体外。放血后应及时输液补充血容量，有条件的可考虑输血。

(6)催吐　应用催吐药物（如硫酸铜、阿扑吗啡等）促使动物发生呕吐，排出胃内毒物，是中毒初期迅速排除进入胃内毒物的有效治疗方法。催吐仅在动物清醒时应用，否则因呕吐物进入气管可造成吸入性肺炎。因牛不宜呕吐，本方法对牛效果很差。

(7)瘤胃切开术　在中毒初期，体质状况、心脏机能良好，无其他并发症等时进行瘤胃切开术。除去瘤胃内多量内容物和毒物，然后在瘤胃内投入适当的解毒药或吸附剂，消除已吸

收毒物的毒害作用和阻止残留毒物的继续吸收。

3.清除体表的毒物

对通过皮肤吸收的毒物，如毒物性质不明，应及时用大量的清水冲洗接触部位的皮肤（忌用热水，以防血管扩张而加速吸收），必要时可剪去被毛以利彻底冲洗。已明确毒物性质时，可选用针对性药液洗涤。如酸性毒物用碱洗，碱性毒物用酸洗。对于溅入眼内的毒物，立即用生理盐水或1%硼酸溶液充分冲洗，再滴抗菌眼药水(膏)，以防感染发炎。

4.应用解毒药物

(1)吸附　使用吸附剂，使毒物附着其表面或孔隙中，从而减少或延缓毒物的吸收而达到解毒的目的。在使用吸附剂的同时，须配合使用泻剂，或用作洗胃，或配合应用吐剂，这样效果好。常用的吸附剂有活性炭、木炭末、滑石粉等。活性炭是多孔的，含灰量少和有很大的比表面积($100\ m^2/g$)，1 g 活性炭能吸附有毒物质 300～1 800 mg 之多。它能吸附胃肠内各种有毒物质，如色素、气体、细菌、发酵和细菌产物以及金属和生物碱等，但氰化物不能被吸收。它的吸附功效，不因毒物的酸性或碱性而降低。

(2)保护剂　摄入腐蚀性毒物，为了保护胃肠黏膜，可用蛋清、牛奶、豆浆、淀粉等。其附着于胃肠黏膜而形成保护膜，既能防止毒物被胃肠黏膜吸收，又可保护消化道黏膜免受毒物的刺激性侵害。

(3)中和　中和即用弱酸中和碱性毒物，以弱碱中和酸性毒物而达到解毒的目的。常用的弱酸解毒剂有食醋、酸奶、稀盐酸、稀醋酸等，常用的弱碱解毒剂有碳酸氢钠溶液(小苏打水)、石灰水上清液、肥皂水等。

(4)氧化　只能用于能被氧化的毒物，如生物碱类、氰化物、无机磷、巴比妥类药物、一氧化碳、蛇毒、棉酚等。常用的氧化剂有0.1%高锰酸钾、3%过氧化氢溶液等。但有机磷药物如1605、1059、3911、乐果等经氧化后，毒性更强，故不能使用氧化解毒剂。

(5)沉淀　使用药物把毒物沉淀，以减少其毒性和延缓吸收而达到解毒的目的，如重金属、生物碱、氰化物等中毒。常用的沉淀剂有鞣酸、浓茶水、钙剂、稀碘酊、蛋清等。

(6)特效解毒剂

亚硝酸盐中毒：小剂量的亚甲蓝(美蓝)，可使高铁血红蛋白还原为正常血红蛋白，大剂量则效果相反，可产生高铁血红蛋白症。

氰化物中毒：应用亚硝酸钠和硫代硫酸钠解毒。

有机磷农药中毒：有机磷中毒的特效解毒剂包括生理拮抗剂和胆碱酯酶复活剂两种，二者合用效果更好。生理拮抗剂是阿托品，胆碱酯酶复活剂常用的有解磷定、氯磷定、双复磷。

有机氟农药中毒：解氟灵(乙酰胺)可竞争性解除剧毒农药有机氟化合物的中毒。

铅、汞、锑、锰、铜、锌、铬、镉等重金属盐类中毒：用依地酸钙钠(乙二胺四乙酸钙二钠)，因其能与多种金属结合成稳定的配合物，随尿排出体外。

砷及汞中毒：用二巯基丙醇、二巯基丙磺酸钠、青霉胺等治疗。上述物质均具有巯基，能夺取组织中与酶相结合的金属，并与其结合成不易分解的巯基盐，随尿排出体外。

(7)通用解毒剂　活性炭或木炭末2份，氧化镁1份，鞣酸1份，混合均匀，成年牛100～300 g，犊牛30～80 g，加水内服或洗胃，内服或洗胃后应投服泻剂。其中活性炭或木炭末能吸附各种有毒物质等，氧化镁可以中和酸，鞣酸可以中和碱，并沉淀多种生物碱、某些苷类和重金属盐类。除有机磷农药中的对硫磷不能用外，适用于各种不同性质的毒物中毒。此外，甘草水、绿豆汤都有一定的解毒作用。

强力解毒敏，具有良好的抗原抗体反应抑制作用，促进肝脏机能及其解毒效果，是一种广泛的解毒药，适用于饲料中毒、药物中毒及化学物质中毒等。

5. 维护全身机能及对症疗法

很多毒物无特效解毒剂，维护全身机能及对症治疗很重要，目的在于保护和恢复重要脏器的功能，维持机体的正常代谢过程，主要的措施包括以下几个方面：预防和治疗惊厥，维持呼吸机能与心脏功能，维持体温，治疗休克，治疗脑水肿，维持电解质和体液平衡，减轻疼痛，防止继发感染等。

任务三十二　硝酸盐及亚硝酸盐中毒

硝酸盐及亚硝酸盐中毒是动物采食富含硝酸盐及亚硝酸盐的饲料引起的一种中毒病。其临床特征是发病突然，病程短促，黏膜发绀，血液呈暗褐色，呼吸困难，神经紊乱。硝酸盐及亚硝酸盐中毒常在饱食后发生，俗称“饱潲病”“烂菜叶中毒”。

[**病因**]

各种鲜嫩青草、作物幼苗及叶菜类等均富含硝酸盐，目前认为，有 80 多种植物中硝酸盐含量可达到引起动物中毒的水平。富含硝酸盐的有白菜、包心菜、油菜、菠菜、莴苣、甜菜、萝卜肉质根、燕麦、作物秧苗的蒿秆等(表 7-2)。

表 7-2　青饲料中硝酸盐及亚硝酸盐含量　mg/kg

青饲料名称	硝酸盐	亚硝酸盐	备注
小白菜叶	1 621.8	6.7	新鲜
萝卜菜叶	1 219	9.9	新鲜
萝卜肉质根	7 126	2.84	新鲜
南瓜叶	750	500	放置 3～5 d
甘薯藤	1 240	111.0	放置 3～5 d
水浮莲	100	5.0	放置一定时间
燕麦	3 000～7 000	—	晒干
芜菁嫩叶	8 000	—	新鲜

(引自齐长明. 奶牛疾病学. 2006)

青绿饲料中的硝酸盐含量取决于植物种类、生长阶段和生长环境。尤其在重施氮肥如硝酸铵和硝酸钾后，可使青绿饲料中的硝酸盐含量增加。另外，土壤被硝酸盐类工业废物污染、干旱、病虫害、日照不足等均可使植物中硝酸盐的含量增加。硝酸盐在植物开花之前含量最高，授粉和果实形成之后则迅速降低。硝酸盐主要聚集在植物的茎叶中，而不是在果实或种子中，茎含量最高。硝酸盐含量高的饲料，青贮过程中因亚硝酸盐转化为氨挥发而使毒性降低。

从非常肥沃土壤渗出的井水含硝酸盐高达 1 700～3 000 mg/L，施过硝酸盐或粪肥的田水，制革的含硝废水，厩舍、厕所、垃圾堆附近的水源常含有大量的硝酸盐。水中硝酸盐含量超过 200～500 mg/L，即可引起中毒。

硝酸盐对动物是低毒的，而亚硝酸盐是高毒的。促进硝酸盐转化为亚硝酸盐的条件有两个，一是温度，二是硝酸盐还原菌的作用。硝酸盐还原菌广泛分布于自然界，在环境温度 20～40℃、相对湿度 80%以上时活力最强。当青绿多汁饲料或块茎饲料经日晒雨淋或堆垛存放而腐烂发热时，以及用温水浸泡、文火焖煮等，适于硝酸盐还原菌的生长，使硝酸盐还原形成亚硝酸盐。另外，反刍动物瘤胃生理条件下也适宜大量的硝酸盐还原菌的生长繁殖，采食大量硝酸盐后可在瘤胃内转化为亚硝酸盐而中毒。

运输、饥饿及饲料中碳水化合物不足等，可增加动物对硝酸盐和亚硝酸盐中毒的易感性。

［**症状**］

牛通常于采食后 5～6 h 发病，亦有甚至延迟至 1 周左右才发病的。病牛精神沉郁，食欲减退或废绝，反刍停止，茫然站立，不愿走动，强迫行走时步态不稳，肌肉震颤、痉挛，伴有不同程度的腹痛、腹泻、瘤胃臌气、流涎、磨牙、呻吟。呼吸困难，黏膜发绀，体温正常或偏低。重症全身肌肉震颤，四肢无力，呼吸高度困难，心跳疾速，静脉怒张，不能站立，陷入虚脱状态。整个病程可延续一天至数天。存活的妊娠母牛，数天后可发生流产。

慢性中毒时，表现多种多样，如流产，分娩无力，受胎率低，腹泻，抗病力降低，发育不良，维生素 A 缺乏症，甲状腺肿大等。

二维码 7-1 犊牛亚硝酸盐中毒时呼吸急促，鼻镜发绀

［**诊断**］

根据病史和临床症状，如黏膜发绀，呼吸困难，血液暗褐色，痉挛等，一般可做出诊断。特效解毒剂如亚甲蓝静脉注射疗效显著，可进一步验证诊断。有条件的可对饲料、饮水、胃内容物等进行毒物分析，并测定高铁血红蛋白的含量。

亚硝酸盐定性检验：①取被检液 1～2 mL，加 1%高锰酸钾溶液一滴搅匀后再加 10%硫酸一滴，充分摇动，若有亚硝酸盐存在，高锰酸钾褪为无色并有褐色沉淀生成。②取 10%联苯胺、10%冰醋酸等量混合在一起，即成试剂。取被检液 1～2 滴滴在滤纸上，然后加试剂 1～2 滴，如有亚硝酸盐存在，则呈橘红色反应，否则无颜色变化。

［**治疗**］

特效解毒剂为美蓝和甲苯胺蓝，同时配合使用维生素 C 和高渗葡萄糖溶液。

美蓝为一种氧化、还原剂，小剂量的美蓝具有还原作用，少量美蓝进入体内后，即在还原性辅酶Ⅰ脱氢酶的作用下，转变为白色美蓝(还原性亚甲蓝)，后者迅速将高铁血红蛋白还原成氧合血红蛋白，其本身又被还原为美蓝。但在大剂量、高浓度时，还原性辅酶Ⅰ不足以使之变成白色美蓝，过多的美蓝便发挥氧化作用，使氧合血红蛋白变为高铁血红蛋白，则使病情加重。故在用药抢救时，应特别注意用量，应用低浓度小剂量。但反刍动物，可使用大剂量美蓝而不引起高铁血红蛋白症。牛为 8～10 mg/kg 体重，配成 1%溶液(1 g 美蓝加 10 mL 乙醇，然后加蒸馏水至 100 mL)静脉注射或肌肉注射。

甲苯胺蓝的治疗机制与美蓝相同，其疗效较高。剂量是 5 mg/kg 体重，配成 5%溶液静脉注射或肌肉注射。

维生素C也可作为还原剂用于亚硝酸盐中毒，大剂量的维生素C(牛3～5 g，配成5%注射液，肌肉或静脉注射)用于亚硝酸盐中毒，疗效也很确实，只是奏效速度不及美蓝快。

葡萄糖在代谢过程中可生成辅酶Ⅰ而增强美蓝的还原作用，有较好的辅助疗效。

对重症病例应及时强心、输液，以提高疗效。

[**预防**]

注意青绿饲料的收割、运输与堆放，青绿饲料贮存时，应摊开存放，不要堆积放置，以免产生亚硝酸盐，已经腐烂的切勿饲喂。如需蒸煮，应大火快煮并及时搅拌，凉后饲喂，不要小火焖煮。接近收割的青绿饲料不能再施用硝酸盐或化肥农药，以避免增高其中硝酸盐或亚硝酸盐的含量。

任务三十三　氢氰酸中毒

氢氰酸中毒是由于采食富含氰苷的饲料，在胃内由于酶和盐酸的作用，产生游离的氢氰酸而发生的一种中毒病。其主要特征是呼吸困难，震颤，惊厥和突然死亡。氢氰酸中毒、氰化物中毒主要见于牛。

[**病因**]

因采食含有氰苷的植物而中毒。这类植物较多，如高粱苗、玉米苗、马铃薯的幼芽、南瓜藤、三叶草、苏丹草、百脉根、亚麻籽及其饼粕、木薯、桃、李、杏、枇杷的叶子及其核仁等。特别是玉米及高粱的再生苗及雨涝、霜冻后的幼苗中氰苷的含量最高。

另外，误食氰化物农药，如钙腈酰胺，或误饮冶金、电镀、化纤、染料、塑料等工业排放的废水，也可引起氰化物中毒。

氢氰酸中的氰离子(CN^-)能抑制组织内许多酶的活性，其中最显著的是细胞色素氧化酶。氰离子(CN^-)能迅速与氧化型细胞色素酶的三价铁(Fe^{3+})结合，难以被细胞色素还原为还原型细胞色素酶(Fe^{2+})，结果失去了传递电子、激活分子氧的作用，抑制了组织细胞内的生物氧化过程，呼吸链终止，阻止组织对氧的吸收作用，导致组织缺氧。在此过程中，由于组织细胞不能从毛细血管的血液中摄取氧，使血液呈鲜红色。由于中枢神经系统对缺氧特别敏感，以及在一定程度上氢氰酸在类脂质内溶解度较大，导致中枢神经系统严重受损，发生兴奋、抑制，终因呼吸中枢麻痹而死亡。

神经组织和心肌对缺氧最为敏感，尤其是血管运动中枢和呼吸中枢最易受影响。牛对氰苷类植物最为敏感，中毒时，很快出现先兴奋后抑制，呼吸麻痹，肌肉震颤，很快死亡，快则2～3 min，一般10～15 min死亡，极少有存活1～2 h者。

[**症状**]

氢氰酸中毒发病快，病程短，最急性的突然蹦跳，惨叫后倒地死亡，最快的从采食到死亡仅几分钟。通常表现为病牛先兴奋，后沉郁，呼吸极度困难，可视黏膜鲜红色，流出泡沫状唾液，瘤胃有不同程度的臌气。站立不稳，共济失调，肌肉震颤，体温正常或下降。后肢麻痹，瞳孔散大，各种反射活动降低或消失，心跳减弱，呼吸浅表，脉细弱，最后昏迷死亡。

［诊断］

根据食入含氰苷或被氰化物污染的饲料或饮水的病史，发病急、快，呼吸极度困难，(有时)呼出气有苦杏仁味，可视黏膜鲜红色，肌肉震颤等临床特征可做出初步诊断。必要时对饲料和胃内容物作氢氰酸检查。诊断时，应注意与亚硝酸盐中毒、一氧化碳中毒、尿素中毒、急性肺气肿和肺水肿等进行鉴别诊断。

［治疗］

1. 特效解毒法

(1)亚硝酸钠和硫代硫酸钠联合使用　发病后迅速用5%亚硝酸钠溶液2 g，或按10～20 mg/kg体重，缓慢静脉注射，然后再静脉注射5%～10%硫代硫酸钠溶液100～200 mL，或按30～40 mg/kg体重，加入10%葡萄糖中缓慢静脉注射。或用亚硝酸钠3 g，硫代硫酸钠15 g，蒸馏水200 mL，混合溶解后经过滤、消毒，一次静脉注射。

也可静注1%美蓝和硫代硫酸钠，但疗效不及亚硝酸钠法。

亚硝酸钠或大剂量的美蓝进入体内后，能使血红蛋白迅速地转化为高铁血红蛋白，而高铁血红蛋白的三价铁离子(Fe^{3+})能与氰离子迅速结合成氰化高铁血红蛋白，从而夺取已与细胞色素氧化酶结合的氰离子，减少氰离子与组织中细胞色素氧化酶的结合，使细胞色素氧化酶恢复活性。但氰离子对细胞色素氧化酶的亲和力稍小于它与高铁血红蛋白的亲和力，因此亚硝酸钠的剂量不宜太小，应当使病畜有相当量的高铁血红蛋白(结膜稍呈青紫)以充分与氰离子结合。体内氰化高铁血红蛋白是不稳定的，以后可再分解出氰离子再次对机体产生毒害。因此必须接着注射硫代硫酸钠，在体内硫氰酸酶的作用下，使游离的和已与高铁血红蛋白结合的氰离子转变为无毒的硫氰酸盐，经肾脏排出体外。

(2)4-二甲氨基苯酚(4-DMAP)　是一种高效的高铁血红蛋白形成剂，它能将氰化血红蛋白转化为高铁血红蛋白，后者与细胞色素氧化酶竞争氰离子，形成氰化高铁血红蛋白，从而恢复氧化酶的活性，解除氰化物的急性中毒症状。10%的4-二甲氨基苯酚按10 mg/kg体重，静脉或肌肉注射，1 h左右再静脉注射硫代硫酸钠。

2. 其他治疗

小部分氰化物在体内可与葡萄糖结合成无毒的腈类，由尿液、唾液排出，所以临床上选用50%葡萄糖溶液250～500 mL，静脉注射。小部分氰化物在体内可与胱氨酸结合成2-亚氨基-噻唑烷-4-羟酸，经尿排出，因此还可选用胱氨酸50～100 mg，肌肉注射。

在中毒早期，为阻止胃肠道中氢氰酸继续被吸收，可用10%硫代硫酸钠溶液内服，使其与CN^-形成低毒的硫氰化物；也可内服1%硫酸亚铁溶液，使其与CN^-结合成低毒的亚铁氰化物；也可用0.1%～0.5%高锰酸钾溶液或3%过氧化氢溶液洗胃或内服。

在恢复期为了治疗高铁血红蛋白症，必要时可应用大剂量维生素C及小剂量美蓝静脉注射。

3. 对症治疗

可根据病情进行，如应用尼可刹米兴奋呼吸中枢，安钠咖强心，盐酸氯丙嗪镇静解痉等。

［预防］

禁止饲喂高粱幼苗和玉米幼苗(特别是再生幼苗)等富含氰苷类植物。如用含氰苷高的植物饲喂动物必须经过减毒处理，如用亚麻籽饼作饲料时，必须彻底煮沸或切碎浸泡，且喂量不宜过多，同时搭配其他饲料。对氰化物类药物，妥善保管，以防污染饲料和饮水。

任务三十四　酒糟中毒

酒糟中毒是牛长期采食多量新鲜的或已酸败的酒糟，由其中的有毒物质引起的一种中毒病。临床上以腹痛、腹泻及神经机能紊乱等为主要特征。

［病因］

酒糟是酿酒工业的副产品，其质地柔软，气味芳香，适口性好，故为养牛业良好的饲料来源，但往往因突然大量饲喂酒糟，或因对酒糟保管不严而被偷食，或长期、单一地饲喂酒糟，即可引起牛食后中毒现象。

酒糟（啤酒糟、高粱酒糟及玉米酒糟等）的成分十分复杂，如新鲜酒糟中含有乙醇，经发酵酸败后则形成多种游离酸（醋酸、乳酸、丁酸）和各种杂醇油（正丙醇、异丁醇、异戊醇等），其中乙醇、醋酸是常见的有毒成分。酒糟成分还因酿酒原料不同而有所差别，如马铃薯酒糟可能含有发芽马铃薯中的龙葵素，甘薯酒糟可能含有黑斑病甘薯中的甘薯酮，谷类酒糟可能含有因谷类混有麦角所产生的麦角毒素和麦角胺，以大麦为原料的啤酒糟可产生二甲基亚硝胺。

另外，酿酒原料的霉败，以及酒糟的贮存保管不当而发霉，可能使其中含有多种真菌毒素。因此，酒糟中毒究竟是由何种因素引起，应根据具体情况做具体分析。

［症状］

急性中毒，开始兴奋不安，随之主要表现胃肠炎的症状，食欲减退或废绝，腹痛、腹泻。严重者全身症状明显，呼吸困难，心跳疾速，脉细弱，步态不稳，后期四肢麻痹，卧地不起，体温下降，因呼吸中枢麻痹而死亡。

慢性中毒，主要表现消化不良，食欲减退，腹泻或便秘，可视黏膜潮红、黄染，有时出现血尿。发生皮疹、皮炎（酒糟性皮炎），或皮肤肿胀并见有潮红，以后形成疱疹，水疱破裂后形成湿性溃疡面，其上覆以痂皮，往往引起化脓性感染。孕牛可能发生流产。

［诊断］

根据有饲喂酒糟的病史，有腹痛、腹泻、流涎等中毒性疾病的一般临床症状；剖检，胃肠黏膜充血、出血，胃肠内容物有乙醇味及残存的酒糟，据此可做出初步诊断。确诊应进行动物饲喂试验。

［治疗］

本病无特效疗法，发病后立即停喂酒糟，并将病牛放置在干燥及通风良好的圈舍内，用1%碳酸氢钠溶液1 000～2 000 mL灌服或灌肠，同时采取补液、强心及其他对症治疗措施。

胃肠炎严重的应及时用抗生素等消炎；兴奋不安的病牛及时用镇静剂，如用水合氯醛、硫酸镁等静脉注射；为了促进毒物排出可内服缓泻剂；为防止心功能衰竭，可静脉注射安钠咖和葡萄糖生理盐水等；皮肤的局部病变，可按湿疹的治疗方法处理。

［预防］

用新鲜酒糟饲喂时，应由少到多逐渐增加，且酒糟的比例不能超过日粮的1/3，妊娠母牛应减少喂量。轻度酸败的酒糟可加入石灰水，以中和酸性物质，严重酸败变质的，不得用作饲料。妥善贮存酒糟，不宜堆放过厚，并避免日晒，以防发霉变质。

任务三十五　马铃薯中毒

马铃薯中毒是由于动物采食大量发芽马铃薯，腐烂块根或花果期茎叶后发生的一种中毒性疾病。以神经症状、胃肠炎、皮肤湿疹为特征。

［**病因**］

马铃薯中毒主要是因其含马铃薯素（龙葵素）而引起的。马铃薯又称洋芋、土豆、山药蛋，属茄科，其块茎和整个植株中含有一种有毒的生物碱马铃薯素，又叫龙葵素，是一种弱碱性的糖苷生物碱，可溶于水，遇醋酸极易分解，高热、煮透亦能解毒。

马铃薯全株各部含马铃薯素的量差别很大，马铃薯素主要存在于花、幼芽、外皮和嫩绿茎叶内。绿叶中含 0.25%，幼芽内含 0.5%，花内含 0.73%，绿果内含 1.0%，马铃薯皮内含 0.01%，而成熟的块根内只含 0.005%～0.01%，而且大部分集中在外皮和芽眼组织中，未成熟的块根内含量可达 1%。但贮藏时间过长，含量明显增加，由新鲜时的 0.004%，猛增到 0.11%（9 个月）乃至 1.3%（18 个月）。特别是贮藏不当，阳光照射而变绿、发芽、腐烂变质时，马铃薯素含量更高，霉烂的块根内可达 0.58%～1.34%，芽内则可高达 4.76%。

腐败的马铃薯还含有腐败素。此外，马铃薯的茎叶中尚有 4.7%的硝酸盐，处理不当时，可引起牛的亚硝酸盐中毒。

［**症状**］

根据中毒程度的不同，其临床症状也有差异。

轻症的多呈慢性经过，呈明显的胃肠炎症状和皮疹症状。表现精神沉郁，食欲减退或废绝，流涎，口腔黏膜肿胀，前胃弛缓，瘤胃臌胀，腹痛，腹泻，粪便混有血液。口唇周围、肛门、尾根、四肢系部及母牛的阴门和乳房周围出现湿疹和水疱性皮炎。

重症的病牛，多出现神经症状，病初流涎，腹痛，腹泻，随之精神高度沉郁，空嚼，肌肉震颤，全身痉挛，后躯麻痹，呼吸迫促，心跳加快，直至死亡。

奶牛泌乳量下降，妊娠牛流产。

［**诊断**］

根据采食多量的马铃薯（发芽、变绿、腐烂变质等）及其茎叶的病史，结合临床症状（神经症状、胃肠炎及皮肤湿疹）可做出诊断。

［**治疗**］

目前尚无特效解毒剂。首先停喂马铃薯，中毒初期为减少毒物吸收和促进胃肠内容物排出，可用 0.1%高锰酸钾溶液或 0.5%～1%鞣酸溶液洗胃，必要时施行瘤胃切开术，取出瘤胃内容物。对胃肠炎较轻的牛，还可投服泻剂，促进胃肠内毒物排出。

对兴奋不安者，可用盐酸氯丙嗪，0.5～1 mg/kg 体重，肌肉注射。

对胃肠炎患牛，及时给予抗生素或磺胺类药物，如磺胺脒 40～60 g，鞣酸蛋白 30 g，次硝酸铋 15 g，加水适量，灌服。

对采食马铃薯茎叶而中毒的牛，应给予大剂量的维生素C或小剂量亚甲蓝，以缓解亚硝酸中毒。

中毒严重者，采取强心补液等措施改善机体状况。对皮肤湿疹，可静脉注射10%葡萄糖酸钙溶液，同时患部应用消毒药液洗涤或涂擦硫磺水盐酸软膏等。

[**预防**]

(1)避免使用发芽、变绿、腐烂的马铃薯或其未成熟的青绿茎叶做饲料。发芽不严重的马铃薯，将芽除掉后煮熟饲喂，并将水弃掉。

(2)马铃薯茎叶需经晒干或制成青贮料进行饲喂，但也不宜长期、大量地饲喂。

(3)妊娠母牛和犊牛，只能少量的饲喂新鲜完好的马铃薯，并应煮熟后饲喂，但妊娠后期禁止饲喂。

任务三十六　棉籽饼(粕)中毒

棉籽及其榨油后的副产品棉籽饼含有丰富的蛋白质和磷，在畜牧业生产中常作为精料补充料，可提高日粮中蛋白质和磷等营养成分。然而，棉籽、棉叶及棉籽饼中含有一种称之为棉酚的有毒物质，饲喂不当可引起家畜中毒，妊娠母牛及幼畜比较敏感。棉酚可由乳汁排出，有时可引起哺乳幼畜患病。成年牛对棉酚有较大的抵抗力，只是在单一饲喂而又在低蛋白日粮的情况下，才可发生中毒。临床上以出血性胃肠炎、肺水肿、心力衰竭、神经紊乱、血尿和排血红蛋白尿为主要特征。

[**病因**]

存在于棉籽饼中的棉酚，其含量依棉花的种类、气候、土壤条件以及榨油的温度或所用溶媒而有所不同。棉酚能借助加热而灭活，低温或用己烷抽提不能除去棉酚，因此，冷榨生产的棉籽饼中棉酚量高于热榨产品。棉酚有结合棉酚和游离棉酚两种。在榨油时，大部分棉酚与蛋白质、氨基酸等物质结合，称为结合棉酚，这种结合棉酚不溶于油脂中，不能被消化吸收，因此被认为无毒。没有结合的棉酚成为游离棉酚，则具有毒性，且易被消化吸收。棉籽饼中游离棉酚的含量一般为0.04%～0.05%，这一含量足以产生毒害作用。所以，用棉籽饼粉或棉籽长期饲喂或饲喂量过大，可引起畜禽中毒。当饲料里维生素(维生素A)、矿物质(特别是钙)缺乏和青饲料不足及劳役过重时，更易发生中毒。

棉酚的口服急性毒性相对很小。棉酚对非反刍动物的毒性作用是累积性的，如果长期饲喂，即使很少量吸收也能引起动物死亡。棉酚能损害动物睾丸生精上皮，导致精子畸形、死亡，甚至无精，造成公牛繁殖力降低或公牛不育。棉酚还能使子宫强烈收缩，导致母牛流产。

此外，棉籽饼中尚有胰蛋白酶抑制因子、红细胞凝集素及生物碱等有害物质。这些物质能抑制畜禽的正常生长，但一般都在加热过程中被破坏。只有在饲喂棉籽或加热不充分的棉籽饼时，这些物质的毒性才会暴露出来。

[**症状**]

轻度中毒，出现轻度胃肠炎的症状，腹泻，食欲减退。只要能及时除去病因，适当治疗就会好转。重度中毒，多数出现出血性胃肠炎，食欲减退或废绝，反刍停止，初便秘，后腹泻，排黑褐色粪便，混有黏液和血液，粪便恶臭。呼吸急促，心搏动加快，精神沉郁，有嗜睡现象，个别病牛在病初有兴奋不安和腹痛现象。以后则全身无力，卧地不起。当病情进一步发展，皮下、四肢、颈下和胸前出现水肿，尿呈现红色、暗红色或酱红色，可视黏膜发绀，心力衰竭，多死亡。

牛的慢性中毒，主要表现为维生素 A 和钙缺乏的症状，食欲减退，消化紊乱，腹泻，血红蛋白尿，贫血和夜盲症。

［**病理变化**］

病畜呈现全身性的水肿变化，皮下组织呈明显的浆液性浸润，胸腔、腹腔积有红色透明的液体。肺充血、出血、瘀血、水肿，支气管内充满淡黄色泡沫样渗出物。胃肠道有出血性炎症，肝脏充血、瘀血、肿大。心脏扩张，心肌松软。肾肿大，被膜下有出血点。膀胱有出血性炎症，常有暗红色尿液。

［**诊断**］

根据长期或大量饲喂棉籽或其副产品的病史，并且饲喂的棉籽饼及其副产品均未去毒、未曾热榨或浸泡处理，结合胃肠炎，排暗红色尿液，视觉障碍等临床症状及病理变化可做出诊断。必要时可测定棉籽饼中棉酚的含量。

血液检查：红细胞数和血红蛋白含量减少，白细胞总数增加，中性白细胞比例增高，核左移。

棉酚的定性检验：取棉籽饼粉少许，研成细末，加硫酸数滴，振荡 1～2 min，若显深胭脂红色并将其煮 1～1.5 h，红色消失表明有棉酚存在。

［**治疗**］

目前尚无有效的治疗方法，只能采取一般的急救措施。消除病因，加速毒物的排泄及对症治疗。

应立即停止饲喂棉籽饼，加速其排泄。用 0.1％的高锰酸钾溶液、3％～5％碳酸氢钠溶液或双氧水溶液洗胃。也可用硫酸亚铁 7～15 g，一次内服。若胃肠内容物多且胃肠炎不严重，可内服盐类泻剂，胃肠炎严重时用消炎收敛的药物，如磺胺脒、氢氧化铝胶。也可用面糊、淀粉来保护胃肠黏膜，250g/次，用开水冲成稀糊状，2 次/d。为制止渗出，增强心脏功能，补充营养和解毒可用高渗葡萄糖溶液、安钠咖、10％氯化钙等静脉注射，配合维生素 C、维生素 A 及维生素 D 更好。特别是有视觉障碍的患牛，用维生素 A 效果明显。

对有食欲的病牛，多喂青绿饲料及补钙，可促进病牛的恢复。

［**预防**］

棉籽与棉籽饼中毒与否，关键在于饲料中含有可以直接利用棉酚的量，因此，不能以棉籽饼的量来确定其安全性。一般认为奶牛日粮中游离棉酚的含量不超过 200 mg/kg 是安全的。

(1)对于反刍动物，长期饲喂棉籽或其副产品时，应搭配豆科干草或其他优良饲料或青饲料，同时补充维生素 A 和钙。限制棉饼的饲喂量，牛每天不超过 1～1.5 kg，妊娠母牛最好停喂，以防流产。

(2)减毒或去毒处理 将棉籽饼粉热炒或蒸煮 1 h 后再喂，可避免中毒。据认为用 10％大麦粉与其混合后煮沸，去毒效果更好。也可以在阳光下暴晒，使棉籽饼失水达 60％～70％，经过 3 次处理可将游离棉酚减少到无害的程度。铁与棉酚结合成不被家畜吸收的复合物，使棉酚的吸收率大为减少。据报道,用0.1%~0.2%硫酸亚铁浸泡棉籽饼,其中棉酚的破坏率可达81.8%~100%。饲喂棉籽饼的家畜同时喂硫酸亚铁,理论上铁与游离棉酚之比为1∶1,但硫酸亚铁中含有分子水,实际应用时,硫酸亚铁与游离棉酚之比为5∶1,还需使铁与棉酚充分接触。

任务三十七　菜籽饼(粕)中毒

菜籽饼(粕)中毒是动物长期或大量摄入油菜籽榨油后的副产品,由于含有硫葡萄糖苷的分解产物,引起肺、肝、肾及甲状腺等器官损伤,临床上以胃肠炎、呼吸困难、血红蛋白尿及甲状腺肿大为特征的中毒病。常见于猪和牛,其次为禽类和羊。

[**病因**]

油菜为十字花科芸薹属植物,是我国的主要油料作物之一。菜籽饼是油菜籽榨油后的副产品,含粗蛋白为34%~39%,并含有0.52%的蛋氨酸、0.79%的胱氨酸、1.33%的赖氨酸,是重要的蛋白质饲料资源。但菜籽饼(粕)中含有硫葡萄糖苷(简称硫苷)及其代谢产物、芥子碱等多种有毒有害成分,长期大量采食可危害动物健康,引起中毒。

硫葡萄糖苷(又称芥子苷)广泛存在于十字花科的植物中,随油菜的品种和加工方法的不同有很大变化,不同品种的油菜中,硫葡萄糖苷的含量有差异。我国目前种植的品种有白菜型油菜、芥菜型油菜和甘蓝型油菜,其中甘蓝型油菜种植面积最大,均为高芥子酸、高硫葡萄糖苷含量的“双高”品种。油菜植株的各部分都含有硫葡萄糖苷,以种子中的含量最高,其他部分较少,顺序为种子>茎>叶>根。油菜籽中硫葡萄糖苷含量为3%~8%,白菜型、芥菜型和甘蓝型平均含量分别为6.13%、4.04%和4.85%。

硫葡萄糖苷本身无毒,含有硫葡萄糖苷的植物都含有黑芥子酶,是一种水解酶。家畜长期或大量食入菜籽饼之后,在胃内经黑芥子酶催化硫葡萄糖苷水解生成异硫氰酸盐、硫氰酸盐、噁唑烷硫酮、腈等多种有毒降解物质,引起中毒症状。另外,菜籽饼(粕)还含有芥子碱、芥子酸、单宁、植酸、硝酸盐、S-甲基半胱氨酸亚砜等有毒物质。

本病的发生是畜禽突然大量饲喂未减毒处理的菜籽饼或长期饲喂未去毒处理的菜籽饼。动物采食多量鲜油菜或芥菜,尤其开花结籽期的油菜或芥菜亦可引起中毒。在大量种植油菜、甘蓝及其他十字花科植物的地区,以这些植物的根、茎、叶及其种子为饲料,或利用油菜种子的粉或饼作为动物饲料时,常常发生该病的流行。

[**症状**]

菜籽饼(粕)与油菜中毒后一般表现为四种类型,即以精神沉郁,食欲减退或废绝,反刍停止,瘤胃蠕动减弱或停止,腹泻或便秘为特征的消化型;以血红蛋白尿、泡沫尿和贫血等溶血性贫血为特征的泌尿型;以肺水肿和肺气肿等出现呼吸困难为特征的呼吸型;以失明(“油菜目盲”)、狂躁不安等神经症状为特征的神经型。

牛急性中毒后表现食欲废绝,反刍减少或停止,瘤胃蠕动无力、次数减少,瘤胃臌气,不安,空嚼,流涎,腹痛,腹泻或便秘,粪便中混有血液,奶牛产奶量降低。咳嗽,呼吸极度困难,呼吸加快,张口呼吸,鼻孔流出粉红色泡沫状液体,有的出现皮下气肿。黏膜苍白、黄染,尿频，尿液呈红褐色或酱油色，尿液落地时可溅起多量泡沫。严重的病例甲状腺功能减退，体温降低，耳尖及肢体末端冰凉，脉搏细弱，卧地不起，全身衰竭，最后昏迷而死。

有的病例可突然发生失明，检查时双眼正常，瞳孔对光反应减弱，通常需要数周后才能恢复。犊牛表现兴奋不安，乱奔乱撞，继而四肢痉挛、麻痹，站立不稳而卧地不起，体温升高，脉搏快而弱，很快衰竭死亡。

慢性中毒时，体重下降，甲状腺肿大。妊娠母牛妊娠期延长，新生犊牛甲状腺肿大，生长缓慢，死亡率升高。菜籽饼还可导致感光过敏，牛常在乳房、四肢、胸腹部、颌下、口唇周围出现疹块，并发奇痒，白天在阳光照射下加剧，晚上则减轻。因皮肤发痒而不安、摩擦，可引起进一步的损伤和感染。

［**诊断**］

根据饲喂菜籽饼或鲜油菜的病史，结合急性胃肠炎、呼吸困难等临床症状可初步诊断，必要时进行毒物检验或动物试验加以确诊。

本病的症状与许多疾病有相似之处，应注意鉴别诊断，如甲状腺肿大应与碘缺乏症等相鉴别；腹泻应与大肠杆菌病、沙门氏菌病、蕨类植物中毒等相鉴别；溶血性贫血应与牛产后血红蛋白尿、钩端螺旋体病、巴贝斯焦虫病等相鉴别；急性肺水肿和肺气肿病牛要与牛再生草热、肺丝虫病、霉烂甘薯中毒等相鉴别；神经型病例要与食盐中毒、有机磷中毒及其他具有神经症状的疾病相鉴别。感光过敏性皮炎伴随肝损害病例应与其他光敏物质中毒相鉴别。

［**治疗**］

目前尚无特效解毒药物。轻度中毒病牛立即停喂有毒菜籽饼，改喂其他饲料后即可恢复。严重中毒者可采取一般解毒措施，如洗胃、下泻和对症疗法等。洗胃用1%～2%鞣酸洗胃，以清除瘤胃内有毒物质，减少毒物的吸收。而后用淀粉 100～200 g，开水冲成浆状待温后加磺胺脒 60 g，内服，以保护胃肠黏膜，消除炎症。

甘草煎汁加食醋内服有一定解毒效果，甘草 200～300 g，煎成汁，醋 500～1 000 mL，混合，一次灌服。

对肺水肿和肺气肿病牛可试用抗组织胺药物和肾上腺皮质类固醇激素，如盐酸苯海拉明、地塞米松等肌肉注射。

溶血性贫血病例，应及早输血，并补充铁制剂，以尽快恢复血容量。

若病牛为产后伴有低磷酸盐血症，同时用20%磷酸二氢钠溶液 300～500 mL，或 3%次磷酸钙溶液 1 000 mL，静脉注射，1 次/d，连续 3～4 d。

对严重的中毒病牛还应采取包括强心、补液、利尿、平衡电解质等对症治疗措施。

［**预防**］

(1)用未经脱毒的菜籽饼饲喂动物，必须控制饲喂量。有关菜籽饼的安全饲喂量，因试验条件和方法不同，其结论也不一致。一般认为，牛饲料中菜籽饼(粕)安全限量为15%以下。即使控制用量的菜籽饼，也应脱毒后再行饲喂。

(2)培育“双低”油菜品种。这是菜籽饼(粕)去毒和提高其营养价值的根本途径。20 世纪 70 年代，“双低”(低硫葡萄糖苷、低芥酸)油菜品种，在加拿大和欧洲各国大力培育并推广，效果良好。近年来，我国在引进和选育双低油菜品种方面已经取得了成效。但新的油菜品种仍存在着产量低、抗病力差和易出现品种退化等问题。

(3)改进油菜籽制油工艺。为了生产出毒物含量低、蛋白质品质好的菜籽饼(粕),应严格按照国家有关部门规定的预榨浸出工艺和技术标准进行生产。同时,国内外正进一步研究改进工艺,报道的方法不少。从我国目前情况来看,一般认为,采用整粒菜籽先蒸炒灭活硫葡萄糖苷酶,再破碎去皮,而后预榨浸出的制油工艺比较适宜。

(4)脱毒。对于含毒量高的菜籽饼(粕),可经脱毒处理后再利用,常用的脱毒方法有以下几种:

①坑埋法　将菜籽饼(粕)用水拌湿后埋入土坑中,上面盖以干草并覆盖适量干土,待30～60 d后取出饲喂或晒干贮存,可除去大部分毒物,此法可去毒70%～98%。

②水浸法　硫葡萄糖苷具有水溶性,用水浸泡数小时,换水1～2次,即可作为饲料。本法对水溶性营养物质的损失较多。

③热处理法　用干热、湿热、高压热处理菜籽饼(粕),可使硫葡萄糖苷酶失去活性。但在高温处理时,蛋白质变性而降低了饼粕的营养价值,而且硫葡萄糖苷仍留在饼粕中,饲喂后可能被动物肠内某些细菌酶解而产生毒性。

④化学脱毒法　硫酸亚铁、硫酸铜和硫酸锌等是硫葡萄糖苷的分解剂,并能与异硫氰酸盐和噁唑烷硫酮形成难溶性络合物,使其不被动物吸收,有较好的去毒效果。氨气与碱[$NaOH$、$Ca(OH)_2$ 和 Na_2CO_3]用作脱毒剂,有一定的脱毒效果,但往往会降低饲料的营养价值和适口性。

⑤微生物脱毒法　某些菌种(酵母、霉菌、细菌),可以破坏硫葡萄糖苷及其降解产物,对菜籽饼(粕)进行生物发酵,可使毒素减少。常用酵母液接种发酵脱毒。在温度30℃、接种量10%(酵母液)条件下培养25 h后烘干,不仅测不出硫苷和异硫氰酸盐,而且脱毒饼的香味大有改善,饼的营养价值也有所提高,尤其是必需氨基酸增加3%～5%。此法可适用于工业化生产。

任务三十八　黄曲霉毒素中毒

黄曲霉毒素中毒是动物采食被黄曲霉污染的饲料而引起的一种人畜共患并具有严重危害性的霉败饲料中毒性疾病。主要病理学特征是肝细胞变性、坏死、出血,胆管和肝细胞增生。临床上以全身出血,消化功能紊乱,腹水,神经症状等为特征。长期慢性小剂量摄入,还有致癌作用。患牛多呈慢性经过。

本病于20世纪50年代末首先在英国苏格兰发生,当时称为“火鸡X病”,相继又在美国、巴西和南非等18个国家或地区发生。近20年来,我国长江沿岸及其以南地区的饲料污染黄曲霉毒素较为严重,而华北、东北及西北地区的饲料污染黄曲霉毒素则相对较少。

各种动物均可发生本病,但由于性别、年龄及营养状态等的不同,其敏感性是有差异的。一般来说,幼龄动物比成年动物易感,雄性动物比雌性动物(怀孕期除外)易感,高蛋白饲料可降低动物对黄曲霉毒素的敏感性。日粮中黄曲霉毒素的耐受量(μg/kg)为:幼禽≤50,成年家禽≤100,断奶仔猪≤50,肥育猪<200,犊牛<100,成年牛<300。奶牛日粮中黄曲霉毒素10～20 μg/kg,即可在乳汁中检测到代谢产物。因此,被黄曲霉毒素污染的饲料不能饲喂奶牛。

［病因］

黄曲霉毒素主要是黄曲霉和寄生曲霉等产生的有毒代谢产物，其他曲霉、青霉、毛霉、链孢霉、根霉中的某些菌株也能产生少量黄曲霉毒素。最近的研究报道，产黄曲霉毒素的菌株所占的比例有明显上升趋势。这些产毒霉菌广泛存在于自然界中，主要污染玉米、花生、豆类、棉籽、麦类、大米、秸秆及其副产品如酒糟、油粕、酱油渣等，这些霉菌最适宜的繁殖、产毒条件为基质水分在16％以上，相对湿度在80％以上，温度在24～30℃之间，会产生大量黄曲霉毒素，在2℃以下和50℃以上即不能繁殖。一般来说，饲料水分越高，产黄曲霉毒素的量就越多。因此，黄曲霉毒素中毒发生的原因多半是动物采食被上述产毒霉菌污染的花生、玉米、豆类、麦类、棉籽及其副产品。本病一年四季均可发生，但在多雨季节，温度和湿度又较适宜时，若饲料加工、贮藏不当，更易被黄曲霉菌所污染，增加动物黄曲霉毒素中毒的机会。

［症状］

黄曲霉毒素是一类肝毒物质，家畜中毒后以肝脏损害为主，同时伴有血管通透性破坏和中枢神经损伤等，临床特征是黄疸，出血，水肿和神经症状。犊牛对黄曲霉毒素较敏感，多为急性，表现为精神沉郁，厌食，磨牙，耳部震颤，生长发育缓慢，消瘦，失明，前胃弛缓，腹泻，粪便中混有血凝块及黏液，最后昏迷死亡，死亡率高。成年牛多呈慢性经过，死亡率较低。表现食欲降低，磨牙，前胃弛缓，瘤胃臌气，间歇性腹泻，泌乳量下降，但死亡率低。妊娠母牛流产、早产。

［病理变化］

牛的特征性病变是肝脏纤维化及肝细胞瘤，肝管上皮增生，胆囊扩张，胆汁变稠。肾脏表面色淡或呈黄色，水肿。

病理组织学变化，急性病例呈急性中毒性肝炎，如肝实质细胞变性、坏死、出血和空泡化。慢性病例可见肝细胞和间质组织增生。

［诊断］

对黄曲霉毒素中毒的诊断，应从病史调查入手，并对饲料样品进行检查，结合临床表现（黄疸，出血，水肿，消化障碍及神经症状）和病理学变化（肝细胞变性、坏死、增生、肝癌）等情况，可做出初步诊断。确诊必须对可疑饲料进行产毒霉菌的分离培养以及饲料中黄曲霉毒素含量的测定。

［治疗］

对本病尚无特效疗法，主要在于预防。发现中毒时，应立即停喂霉败饲料，改喂富含碳水化合物的青绿饲料和高蛋白饲料，减少或不喂含脂肪过多的饲料。

一般轻症病例，不给任何药物治疗，可逐渐康复，重剧病例，应及时投服泻剂如硫酸钠、人工盐等，加速胃肠道毒物的排出。同时，采用保肝和止血疗法，可用20％～50％葡萄糖溶液、维生素C、10％葡萄糖酸钙或10％氯化钙溶液。心脏衰弱时，皮下或肌肉注射强心剂。为了防止继发感染，可应用抗生素制剂，但严禁使用磺胺类药物，否则会加速死亡。

［预防］

预防本病主要采取如下措施：

1. 防止饲草、饲料发霉

防霉是预防饲草、饲料被黄曲霉及其毒素污染的根本措施。引起饲料霉变的因素主要是温度与相对湿度，因此在饲草收割时应充分晒干，切勿雨淋；饲料应置阴凉干燥处，勿使受潮、淋雨。为了防止发霉，还可使用化学熏蒸法或防霉剂。常用防霉剂有丙酸钠、丙酸钙，每吨饲料中添加1～2 kg，可安全存放8周以上。

2. 霉变饲料的去毒处理

霉变饲料不宜饲喂畜禽，发霉严重的饲料应废弃；轻度发霉的，若直接废弃，则将造成经济上的很大浪费，除去饲料中的毒素后仍可饲喂畜禽。常用的去毒方法有：

(1)连续水洗法　此法简单易行，成本低，费时少。具体操作是将饲料粉碎后，用清水反复浸泡漂洗多次，至浸泡的水呈无色时可供饲用。

(2)化学去毒法　最常用的是碱处理法。在碱性条件下，可使黄曲霉毒素结构中的内酯环破坏，形成香豆素钠盐且溶于水，再用水冲洗可将毒素除去。可用5%～8%石灰水浸泡霉败饲料3～5 h后，再用清水淘净，晒干便可饲喂。或每千克饲料拌入12.5 g的农用氨水，混匀后倒入缸内，封口3～5 d，去毒效果达90%以上，饲喂前应挥发去残余的氨气。还可用0.1%漂白粉水溶液浸泡处理等。

(3)微生物去毒法　据报道，无根根霉、米根霉、橙色黄杆菌对除去粮食中黄曲霉毒素有较好效果。

任务三十九　尿素中毒

尿素是动物体内蛋白质分解的终末产物，常通过肾脏由尿液排出，故名尿素。现用的尿素皆为工业合成品。尿素是含氮46%的中性高效化肥，除应用于农作物外，还是反刍动物蛋白质的补充饲料，反刍动物瘤胃内的微生物可将尿素的非蛋白氮转化为蛋白质，因此，利用尿素加入日粮中以补充蛋白质来饲喂牛羊，早已在畜牧生产中实施了。从理论上讲，1 kg尿素相当于2.6～2.8 kg粗蛋白质。然而补饲不当或过量即可发生中毒。

[**病因**]

(1)使用尿素补饲不当。在饲料中加入尿素补饲时，初次就突然按规定量饲喂，或不按规定控制用量，或添加的尿素与饲料混合不匀，或将尿素溶于水而大量饲喂，或尿素管理不善被牛误食等，均可引起中毒。

尿素的用量一般控制在饲料干物质的1%以下或精料的3%以下。开始只能在饲料中加入少量尿素，然后在数天或数周内逐渐增加，使动物习惯摄食尿素，即有足够的时间使瘤胃微生物适应可饲用氨的供应量，并使肝脏的氨解毒机制适应血中氨的增加。关于首次给牛饲喂尿素的中毒剂量有不同的记载，有人认为0.45 g/kg体重或给总量100～200 g均可引起中毒。另外，尿素的用量受许多因素的影响，与饲喂量、个体差异、饥饿状态等有密切关系。如果逐渐增加饲料中的尿素量，成年公牛能摄取多达400 g/d而无毒害作用，对于敏感的牛50 g也会引起中毒。一般认为牛在短时间内就会对尿素产生耐受性，但是，如果几天不饲喂尿素，这种耐受性就会很快消失。将尿素与糖蜜混合喷洒在粗饲料上饲喂可增加动物对于尿素的耐受性，可能是因为糖的发酵可使瘤胃pH维持酸性，从而降低尿素的分解和氨的吸收。另外，尿素的饲喂量、中毒量和致死量之间极为接近，因此，使用尿素时在剂量上即使存在微小差异，也可能发生中毒。

(2)补饲尿素的同时饲喂富含脲酶的大豆饼或蚕豆饼等饲料，可增加中毒的危险性。当动物摄食过量的尿素，在瘤胃内被分解产生大量的氨通过瘤胃壁吸入血液、肝脏。当外围血液中氨超过一定量时，即可引起中毒。氨中毒的主要机理为抑制柠檬酸循环（通过消耗 α-酮戊二酸实现），同时，由于脑细胞能量供应不足和脑组织代谢紊乱，导致惊厥和出现其他神经症状。同时，由于瘤胃臌气，使呼吸更加困难。

［**症状**］

牛采食过量尿素后 30～60 min 出现症状，首先表现沉郁，随后不安和感觉过敏，呻吟，反刍停止，瘤胃臌气，肌肉痉挛，震颤，步态不稳，继则反复发作强直性痉挛，同时呼吸困难，呼出气体带有氨臭味，脉搏加快，自口、鼻流出泡沫状液体。后期则出汗，瞳孔散大，肛门松弛。急性严重中毒经 1～2 h 即可因窒息死亡。如延长至 1 d 左右，则可能发生后躯不全麻痹。

血氨升高，血液 pH 在中毒初期升高，死亡前下降，并伴有高血钾，尿液 pH 升高。

［**诊断**］

根据采食尿素史，临床表现（强直性痉挛和呼吸困难等）可做出初步诊断。

测定血氨有确定诊断意义。在一般情况下，当血氨为 8.4～13 mg/L 时，即开始出现症状；当达到 20 mg/L 时，表现共济失调；达 50 mg/L 时，动物即死亡。

［**治疗**］

应立即暂时停止饲喂尿素，同时灌服大量食醋或稀醋酸等弱酸类溶液，以抑制瘤胃中脲酶的活力，并中和尿素的分解产物氨，减少氨的吸收。

食醋 500～1 000 mL，加水适量，一次灌服；或 1%醋酸溶液 1 000 mL，糖 500～1 000 g，加水 1 000 mL，灌服；还可静脉注射谷氨酸钠 25～75 g，它可使一部分存在于肝、肾、脑组织中的氨，在谷氨酰胺合成酶的催化下，与谷氨酸合成无毒的谷氨酰胺。另外，可口服抗生素，抑制瘤胃内细菌，减少氨的产生。

对症治疗，用苯巴比妥抑制痉挛，瘤胃穿刺以放气减压。静脉注射生理盐水溶液等纠正脱水，促进氨排出，但肺水肿严重时应慎重。

［**预防**］

(1)加强饲养管理。加强对牛的饲养管理，对尿素要加强管理，不能粗心大意，任意堆放，严防牛误食或偷食。严禁牛进入刚施过尿素的草场或采食刚施过尿素的作物。

(2)正确合理地使用尿素。料中添加尿素，应由少到多，逐渐增量至规定用量。尿素作为饲料喂牛要按照由少到多、循序渐进的过程。由过渡期到适应期，一般需经 7～15 d 的适应期后才能逐步增加到规定量，每天供给的日定量应分作 2～3 次饲喂，不能一次性喂给。一定要严格控制剂量，实践证明，每头牛每日饲喂尿素 100 g，或在精料中的含量不超过 3%，对于奶牛的健康和生产均无不良影响。在拌入饲料时，一定要混合均匀，以免因采食不匀，引起中毒事故，尤其要严禁将尿素溶在水中直接喂给。

(3)不要将富含尿酶的豆饼类饲料或南瓜等与尿素同时饲喂，补饲尿素时应同时饲喂富含碳水化合物的饲料，以保证瘤胃微生物生命活动的需要。

任务四十　有机磷农药中毒

有机磷农药中毒是由于有机磷化合物进入动物体内，抑制胆碱酯酶的活性，导致乙酰胆碱大量积聚，引起以流涎、腹泻和肌肉痉挛等为特征的中毒性疾病。

有机磷农药种类繁多，毒性不一，应用广泛，该类农药不仅可用于防治果树、农作物的害虫，在兽医临床上亦可用作体内外驱虫药物。按其毒性的大小将其分为三类即：高毒类，包括对硫磷(1605)、甲拌磷(3911)、甲基多硫磷、内吸磷(1059)等；中毒类，包括敌敌畏、二嗪农(地亚农)、倍硫磷、乐果等；低毒类，如敌百虫、马拉硫磷、辛硫磷等。

[**病因**]

(1)饲喂被有机磷农药污染的饲料、饲草，或放牧时采食了被有机磷农药污染的牧草或饮水。

(2)违反使用、保管农药的安全操作规程，使用盛装过农药未彻底清洗的容器存放饲料或饮水；在车船运输中农药与饲料混杂装运；在饲料库内或附近存放农药，特别是在饲料库内配制或搅拌农药等。

(3)空气污染，农业、林业及环境卫生防疫工作中喷雾或农药厂生产的有机磷杀虫剂废气可污染局部或较远距离的环境空气，动物吸入挥发的气体或雾滴可致中毒。

(4)作为兽药用量过大，如应用敌百虫等驱除体内外寄生虫时，剂量过大，使用不当等引起中毒。

(5)人为投毒的破坏活动。有机磷农药主要经胃肠道、呼吸道、皮肤和黏膜吸收，但通过消化道和呼吸道吸收较为快速且完全，动物中毒以消化道吸收中毒多见，临床症状也较严重。吸收后迅速分布于全身各器官组织，其中以肝脏浓度最高，其次是肾脏、肺脏、脾脏等，肌肉和大脑最低。有机磷进入体内后，可抑制多种酶的活性，但毒性主要表现在抑制胆碱酯酶活性。进入体内的有机磷化合物与乙酰胆碱酯酶结合，形成比较稳定的磷酰化胆碱酯酶，失去分解乙酰胆碱的能力，导致乙酰胆碱大量积聚，引起胆碱能神经的兴奋性升高，导致先兴奋后衰竭的一系列毒蕈碱样、烟碱样和中枢神经系统等症状。

①毒蕈碱样作用　是乙酰胆碱作用于胆碱能神经节后纤维所支配的器官组织(心脏、血管、平滑肌、腺体等)时的内脏效应，其作用与毒蕈碱相似，故称毒蕈碱样症状。主要表现为唾液分泌过多，胃肠运动过度而导致剧烈的腹痛、腹泻、痉挛、呕吐、出汗、瞳孔缩小，因支气管腺体分泌增加，导致呼吸迫促，甚至呼吸困难，严重者可伴发肺水肿。

②烟碱样作用　是乙酰胆碱作用于植物神经节、肾上腺髓质、骨骼肌时所表现的骨骼肌效应，其作用与烟碱相似，即小剂量时对这些器官组织起兴奋作用，发生肌肉震颤甚至痉挛，大剂量时发生抑制作用，如中毒晚期的肌麻痹和呼吸窒息等。其所表现的症状称为烟碱样症状。

③对中枢神经的作用　乙酰胆碱在脑内大量积聚，使中枢神经细胞之间的兴奋传递发生障碍，造成中枢神经系统的机能紊乱，表现为先兴奋不安，体温升高，后抑制，昏睡，惊厥或昏迷等神经症状。

［症状］

有机磷农药的安全范围很窄，急性中毒发生于口服或吸入农药 10 min 至 2 h 内，且病情发展迅速。经体表吸收者则需较长时间的潜伏期，病情较轻且缓慢。中毒症状因有机磷制剂的种类、毒性、摄入量及动物品种、年龄等不同而有一定差异。临床根据病情程度可分为以下三种：

1. 轻度中毒

以毒蕈碱样症状（又称 M 样症状）为主。表现为精神沉郁或不安，食欲大减或废绝，反刍停止，流涎，腹痛，腹泻，出汗等。

2. 中度中毒

除上述症状加重外，主要出现烟碱样（又称 N 样作用）症状。表现为骨骼肌的兴奋，发生肌纤维震颤，严重的全身抽搐，以后发展为麻痹。最终因呼吸肌麻痹窒息死亡。

3. 重度中毒

通常以中枢神经中毒症状为特征。表现为兴奋不安，共济失调，体温升高，抽搐，甚至陷于昏迷或突然倒地，四肢做游泳状划动，心跳加快，瞳孔缩小，很快死亡。

牛中毒主要以毒蕈碱样症状为主，表现不安，流涎，鼻液增多，反刍停止，腹泻，粪便往往带血。肌肉痉挛，眼球震颤，瞳孔缩小，不时磨牙，呻吟。呼吸困难或迫促，心跳加快，听诊肺部有广泛性的湿啰音。四肢末端发凉，体表出冷汗。最后因呼吸肌麻痹而窒息死亡。妊娠母牛可发生流产。

［诊断］

根据接触有机磷农药的病史（要注意观察中毒牛的饲料、饮水，中毒牛的胃内容物、呼吸道分泌物和皮肤等有无有机磷制剂的特殊气味），结合流涎、腹痛、腹泻、瞳孔缩小、肌肉震颤、呼吸困难等临床症状，可做出初步诊断。胃内容物、可疑饲料和饮水等样品有机磷化合物的定性或定量分析，可为确诊提供依据。

此外，通过阿托品和解磷定进行的治疗试验，可验证诊断。静脉注射一般治疗量的硫酸阿托品，10 min 后观察，如病畜发生口干，瞳孔散大，心率加快等"阿托品化"现象时，即可否定有机磷中毒。反之，如出现心跳由快变慢，中毒症状亦有所减轻时，则为有机磷中毒。静脉注射治疗量的解磷定后，病情出现明显好转，症状减轻时，可判定为有机磷中毒。

［治疗］

1. 清除毒物和防止毒物继续吸收

（1）清洗皮肤和被毛　如果是经皮肤引起中毒的，可用微温水或凉水、淡中性肥皂水清洗局部或全身皮肤，但不能刷拭皮肤。

（2）洗胃　经口引起中毒者，要迅速用水或碳酸氢钠溶液洗胃，多数有机磷农药可在碱性溶液中分解失效。但是，在八甲磷、敌百虫中毒时，因它们易在酸性溶液中分解失效，故可用 1% 醋酸洗涤皮肤。若为对硫磷中毒，禁用高锰酸钾溶液洗胃，因为在高锰酸钾存在的情况下，对硫磷可转化为毒性更强的对氧磷。为了阻止毒物继续吸收，促进毒物排出，可灌服活性炭。

（3）缓泻与吸附　可灌服硫酸镁、硫酸钠或人工盐等盐类泻剂轻泻胃肠内容物。灌服活性炭可吸附有机磷，并促进其从粪便排出，由于动物从瘤胃内容物中可持续吸收有机磷，因此活性炭对反刍动物效果更佳。注意禁用油类泻剂，因为多数有机磷杀虫剂具有高度的脂溶性，其可加速有机磷溶解而被肠道吸收。

2.特效解毒剂

有机磷中毒的特效解毒剂包括生理拮抗剂和胆碱酯酶复活剂两种，二者合用效果更好。

(1)生理拮抗剂　阿托品是乙酰胆碱对抗剂，治疗中应超量使用。但阿托品只能缓解有机磷中毒的主要临床症状，不能从根本上解毒。此外，在使用中应防止用量过大出现阿托品化中毒。在使用阿托品解毒时常采用多次用药，直至不再出现大量流涎或停止流涎，瞳孔恢复正常或稍大为止。牛 0.15～0.5 mg/kg 体重，首次静脉注射，经 30 min 后未出现瞳孔散大，口干，皮肤干燥，心率加快，肺湿啰音消失等"阿托品化"表现时，应重复用药，给药途径可改为皮下或肌肉注射，直至出现明显的"阿托品化"表现为止，以后减少用药次数和剂量，以巩固疗效。当有机磷农药中毒的症状不再反复，经观察 10 h 左右病情仍无恶化者，方可考虑停药。

阿托品不能解除乙酰胆碱对横纹肌的作用，也不能恢复胆碱酯酶的活性，对轻度的有机磷中毒，单独应用阿托品可收到满意的效果，但对中毒严重的，必须配合应用胆碱酯酶复活剂方能有效。

(2)胆碱酯酶复活剂　常用的有解磷定、氯磷定、双复磷。这类解毒剂的特点是能使磷酰化胆碱酯酶迅速恢复为胆碱酯酶从而发挥其生理活性作用。胆碱酯酶复活剂对解除烟碱样症状较为明显，但胆碱酯酶复活剂对已老化的胆碱酯酶无复活作用，因此对慢性中毒的疗效不理想。对胆碱酯酶疗效不好的病牛，应以阿托品治疗为主或二者合用。

解磷定 20～50 mg/kg 体重，溶于葡萄糖溶液或生理盐水中，静脉注射或皮下注射。对于严重中毒的病例，应适当加大剂量。解磷定在碱性溶液中易水解成剧毒的氰化物，故忌与碱性药物配伍应用。解磷定的作用快速，持续时间短，一般为 1.5～2 h，临床治疗时应反复用药。对内吸磷、对硫磷、甲基内吸磷等大部分有机磷农药中毒的解毒效果确实，但对敌百虫、乐果、敌敌畏、马拉硫磷等小部分制剂的作用较差。

氯磷定可作肌肉注射或静脉注射，剂量同解磷定。氯磷定的毒性小于解磷定，对乐果中毒的疗效差，且对敌百虫、敌敌畏、对硫磷、内吸磷等中毒经 48～72h 后的病例无效。

双复磷的作用强而持久，能通过血脑屏障对中枢神经系统有明显的缓解作用，对有机磷农药中毒引起的烟碱样症状、毒蕈碱样症状及中枢神经系统症状均有效。对急性内吸磷、对硫磷、甲拌磷、敌敌畏中毒的疗效良好，对慢性中毒效果不佳。剂量为 40～60 mg/kg 体重，皮下、肌肉或静脉注射。

3.对症治疗

有机磷农药中毒的主要死亡原因是肺水肿、呼吸肌麻痹、呼吸中枢衰竭、休克、脑水肿和心脏损伤。在应用特效解毒剂的同时，配合以对症治疗和辅助治疗，有利于病情的稳定和疾病的恢复。

(1)输液疗法　常用高渗葡萄糖溶液和维生素 C 静脉注射，可加强肝脏解毒机能和改善肺水肿状况。中毒初期或严重脱水时，用大量高渗葡萄糖生理盐水缓慢静脉注射，既可以稀释毒物使其有利于排出，又可保持水盐代谢平衡。如发生肺水肿时，不可大量补液。

(2)镇静解痉　当病牛狂暴不安、痉挛抽搐时，应用苯巴比妥类镇静解痉药物，但禁用吗啡、氯丙嗪等安定药，因前者可造成呼吸麻痹，而后者会加重胆碱酯酶的抑制。

(3)强心和兴奋呼吸　为了维护心脏功能和防治呼吸困难,应用10%安钠咖注射液、25%尼可刹米、樟脑磺酸钠,但禁用洋地黄、肾上腺素。

(4)防治肺水肿　若出现肺水肿症状,可应用地塞米松等肾上腺皮质激素治疗,亦可用高渗葡萄糖、山梨醇或甘露醇溶液等。

(5)其他治疗　为防止继发肺炎,可配合抗生素治疗。

[**预防**]

(1)加强农药使用与保管,严格按照"剧毒药物安全使用规程"进行操作和使用。妥善保管配制及喷洒农药的器具,农药不可乱放。

(2)应用有机磷杀虫剂驱除体内外寄生虫时,不得滥用或过量使用。当发现牛中毒时,应脱离毒源,及时用特效解毒药(如阿托品和解磷定、双复磷等)进行治疗,同时还进行补液利尿及其他对症治疗等。

(3)研制生产高效、低毒、低残留的新型有机磷农药,限制生产和使用高效、高毒、高残留的有机磷农药。

任务四十一　食盐中毒

食盐中毒是动物摄入食盐量过多,特别是限制饮水时,发生以消化道炎症和神经症状为特征的中毒性疾病。一般牛中毒量为1～2 g/kg体重。

[**病因**]

食盐是动物机体内必需的矿物质营养,在饲料中添加0.3%～0.8%的食盐可增进动物的食欲,促进消化,增强代谢,促进生长发育,保证机体水盐代谢的平衡。但当动物饲喂食盐过量或饲喂方法不当,尤其是限制饮水时常引起食盐中毒。

食盐中毒可发于如下情况:

(1)不正确地利用腌制食品。如腌肉、咸鱼、泡菜和乳酪加工后的废水、残渣以及酱渣、食堂残羹等。如突然喂量过多或未同其他饲料搭配使用,则极易发生中毒。

(2)突然加喂食盐。供盐时间间隔过长,或长期缺乏补饲食盐的情况下,突然加喂大量食盐,特别是补饲方法不当,喂给含盐饮水而未加限制时,容易发生食盐中毒。有时饲料中所添加的大块结晶盐未经碾碎和充分拌匀,动物一次性采食过多而发生中毒。

(3)用食盐或其他钠盐治疗肠阻塞时,一次用量过大,或多次重复应用钠盐泻剂。也见于高渗氯化钠溶液静脉注射剂量过大。

除上述病因之外,食盐中毒还与以下因素密切相关:

(1)饮水不足或饮水中盐含量过高　饮水是否充足,对食盐中毒的发生具有决定性影响。在饮水充足时,泌乳母牛最高能耐受饲料中4%的氯化钠(干物质,含钠1.6%),其他种类的牛对氯化钠的最大耐受量为饲料干物质的9%;又如绵羊在饮水充足时可安全地饲用含盐2%的日粮,但如严格限制饮水或缺水时就会发生食盐中毒;猪饲料中含食盐0.25%时,若限制饮水或饮水不足(如饮水设施损坏、过度拥挤、饮水添加药物或冰冷等),可导致中毒,但在自由充足的饮水情况下,即使饲料中食盐含量达13%也不会发生中毒。因此,有人提出，笼统地报道食盐中毒量和致死量而不注明饮水量是没有意义的。

一般认为，饮水中的食盐比饲料中的食盐中毒的可能性更大，各种动物饮水中食盐含量应小于0.5%。

(2)机体内水盐代谢状况　动物机体内的水盐代谢状况，对食盐的耐受量亦有影响。夏季环境温度较高，使机体水分大量丧失，体液减少，动物对食盐的耐受力降低。另外，胃肠炎、利尿等引起的机体脱水也可增加食盐中毒的风险。

(3)其他　幼龄动物对钠离子的毒性比成年动物敏感，可能与肾脏尚未发育完全有关。泌乳期的高产乳牛，比肉用牛或干奶期乳牛对食盐有较高的敏感性。饲喂尿素可增加钠离子中毒的可能性，主要是与尿量增加、血液浓缩和大脑组织钠含量过高有关。日粮中钙、镁等矿物质充足时，动物对过量食盐的敏感性大大降低，否则敏感性显著增高。

[**症状**]

发病牛表现为口渴，食欲废绝，流涎，腹痛，腹泻，粪便中混有黏液和血液。黏膜发绀，呼吸迫促，心跳加快，肌肉痉挛，视力减弱。严重者双目失明，后肢麻痹，步态不稳，球关节屈曲无力，衰弱，卧地不起。体温正常或低于正常。孕牛可能流产，子宫脱出。

奶牛大量摄入氯化钠会增加乳房水肿的发病率和严重程度。

[**诊断**]

根据有摄入大量食盐或其他钠盐，同时饮水不足的病史，结合神经和消化机能紊乱的典型症状，可初步诊断。必要时可按下列方法检验有无食盐的存在：将胃肠内容物连同黏膜取出，加多量的水使食盐浸出后过滤，将滤液蒸发至干，可残留呈强咸味的残渣，其中即可能有立方形食盐结晶。取该结晶放入硝酸银溶液中，可出现白色沉淀；取残渣或结晶在火焰中燃烧时，呈现鲜黄色的钠盐火焰。有条件时可测定体内氯离子、氯化钠或钠盐的含量，即可确诊。

鉴别诊断：本病的突发性脑炎症状与病毒性非特异性脑脊髓炎、中暑及其他损伤性脑炎容易混淆，可以通过微生物学检验和组织病理学检查进行鉴别。本病所表现的胃肠道症状还与有机磷制剂中毒、重金属中毒、胃肠炎等疾病有相似之处，应通过病史、主要症状和实验室检查进行鉴别。

[**治疗**]

目前无特效解毒药，主要是促进食盐排除，恢复阳离子平衡及对症疗法。

应立即停止喂饮含盐饲料和咸水，多次给予少量清水，对不能饮水的后期病例，应通过胃管和腹腔注射等方法给水，但切忌突然大量给水或任其暴饮，否则，将引起严重的脑水肿，使病情恶化，导致动物死亡。同时对消化道内未吸收的食盐可口服油类泻剂，促进食盐的排出。

为恢复血液中一价和二价阳离子平衡，可静脉注射10%葡萄糖酸钙200～500 mL或10%氯化钙100～300 mL。

为了促进钠排除，可用双氢克尿噻进行利尿；为缓解脑水肿，降低颅内压，可静脉注射25%山梨醇溶液或高渗葡萄糖溶液；为缓和兴奋和痉挛，可用硫酸镁、溴化钾等镇静解痉；消除炎症，防止继发感染可用抗菌药肌肉注射或内服；还可内服淀粉糊等黏浆剂，保护胃肠黏膜。

[**预防**]

(1)日粮中应添加占总量0.3%～0.8%的食盐，或以0.3～0.5 g/kg体重补饲食盐，以防因盐饥饿引起对食盐的敏感性升高。

(2)保证饮水充足,对于泌乳期的母牛尤其需充分供给饮水。

(3)在利用含盐的残渣废水时,必须适当限制用量,并同其他饲料搭配饲喂。

(4)管好饲料盐,不使家畜接近,不同其他物品混杂,以免误用或被家畜偷吃。

(5)用食盐治疗肠阻塞或静脉注射氯化钠时,在估计体重的同时要考虑动物的体质,掌握好剂量。

任务四十二　犊牛水中毒

犊牛水中毒是由于各种原因引起体内水过多而导致血浆渗透压下降、红细胞溶解、血红蛋白尿和神经机能紊乱为特征的疾病。也叫犊牛血红蛋白尿症或阵发性血红蛋白尿症。多发生在幼龄犊牛,特别是断奶期犊牛,年龄较大(6 月龄以上)的犊牛也可发病,但发病少,病情轻。

[**病因**]

1.过量饮水

因炎热环境、剧烈运动或长途运输等使动物体内水和盐大量丧失,在长时间得不到饮水的情况下,供水充足时突然大量的暴饮而发病。一般来说,犊牛 1 次饮水超过 10 kg,就有可能发生水中毒,100 kg 以下的犊牛 1 次饮水超过 20 kg,发病率可达 90%。犊牛也见于以掺奶水代替全乳饲喂,如牛乳和水按 1∶3每天自由饮用 2 次,当天即可出现程度不同的水中毒症状,第 8 天出现血红蛋白尿。

2.治疗不当

在临床上洗胃、灌肠或一些不法商贩出售动物前,灌注过量水而超过机体正常调节水代谢能力,可引起急性水中毒。静脉输入含盐少或不含盐的液体过多过快,超过肾脏的排泄能力也可发生水中毒。

[**症状**]

犊牛一次性暴饮大量水后,可使瘤胃迅速膨胀,1 h 左右,最短的 15 min 左右,即可出现程度不同的红尿。若此时限制饮水,犊牛可逐渐恢复。

病情较为严重的犊牛,尿液的颜色变深,可呈咖啡色或酱油色,瘤胃膨胀,表现腹痛症状,如回头顾腹,后肢踢腹,出汗,站立不安。有的犊牛口吐白沫,呼吸困难,鼻孔流出淡红色泡沫状鼻液,肺部听诊有湿啰音,频频排尿,可视黏膜苍白、黄染,心率增加(可达 110 次/min)。严重者共济失调,阵发性或强直性痉挛,最后陷入昏迷,特别严重的患犊可死亡。病犊体温始终不高,甚至偏低。

实验室尿液检查,潜血和尿蛋白阳性,尿沉渣镜检,仅有极少量红细胞,其他尿检指标无明显变化。

剖检可见肾瘀血,呈暗红色,膀胱膨胀,充满红色尿液,气管、支气管及肺切面有红色泡沫样液体。

[**诊断**]

根据限制饮水后突然大量暴饮的病史,结合血红蛋白尿和神经症状,可初步诊断。本病的血红蛋白尿应与泌尿系统出血、产后血红蛋白尿病、钩端螺旋体病、牛焦虫病、磺胺药中毒、铜中毒等引起的红色尿进行鉴别诊断。

[**治疗**]

本病的治疗原则是提高血浆渗透压，维持细胞的完整性，缓解脑水肿。病轻犊牛只要不再暴饮，可逐渐恢复，无须治疗。对有神经症状或肺水肿的病重犊牛，可给予20%甘露醇或山梨醇溶液静脉注射。增加血浆渗透压，减轻溶血可用10%氯化钠溶液或25%葡萄糖溶液静脉注射，每次200～300 mL。同时，强心、利尿，配合维生素C可提高疗效。

[**预防**]

主要是防止犊牛暴饮，为此，应在水槽内备足清水，任犊牛自饮。在炎热的季节、长途运输和剧烈运动后，应限制自由暴饮，采取少量多次饮水，或在饮水中适当的加盐。

【案例分析】

分析以下案例，根据病史和临床检查，提出初步诊断，制订治疗措施(开出处方)。

案例1 主诉：西门塔尔牛，3岁，饲喂堆积放置的甜菜叶后发病。临床检查：患牛不安，反刍停止，不时哞叫，磨牙空嚼，腹痛，口流白色泡沫样的唾液。腹部膨胀。呼吸困难，可视黏膜发绀，心音亢进，步态不稳，肌肉痉挛，体温38.6℃。

案例2 奶牛，2岁，偷食农田的玉米嫩苗后约20 min发病。临床检查：患牛不安，流涎，呼吸困难，可视黏膜鲜红色，四肢肌肉颤抖，后全身无力而卧地，刺激皮肤感觉迟钝。体温38.3℃，心跳慢而弱，颈静脉采血呈鲜红色。

案例3 某场存栏奶牛326头，7月份的一天，犊牛舍中有4头犊牛先后出现了尿液不正常现象，有2头尿液呈深红色，1头呈现血色尿液，另外1头颜色稍微淡一些。据饲养员讲，前几天，这4头犊牛因腹泻被隔离治疗，病愈后从隔离圈中放归犊牛舍，几个小时后就出现了尿液不正常现象。临床症状：病牛精神尚可，食欲正常，鼻镜湿润，可视黏膜粉红色，腹部膨胀，不断排尿，尿液颜色较深，较严重的1头肌肉震颤。患牛体温正常，观察粪便形状及颜色，未见异常；听诊心音、肺音、肠音也基本正常。

案例4 某牛场5头成年牛突然发病，表现不安，流涎，肌肉颤抖，呻吟。1头重症牛瘤胃臌气，全身肌肉颤抖，口流泡沫状液体，呼吸困难，呼出气体有氨臭味，步态不稳，出汗。经调查得知，饲养员误将青贮窖外没有用完的尿素与窖外玉米秆叶片混合在一起，拉回后添入犊牛食槽，饲喂后发病。

案例5 1头6月龄犊牛，采食了青绿的玉米秆后发病。肢体软弱无力，不安，流涎，呼吸急促，心跳加快，肌肉震颤，肠音亢进，粪便稀薄，瞳孔缩小，体温38.9℃。

【知识拓展】

补液疗法

动物体液平衡发生紊乱时，由静脉输入不同成分和数量的溶液进行纠正，这种治疗方法称为补液疗法。补液疗法具有调节体内水和电解质平衡，补充微量循环，维持血压，中和毒素，补充营养物质等作用，对机体疾病的康复起重要作用。

[应用范围]

(1)各种原因引起的脱水(伴有严重腹泻或呕吐、大出汗等)、大出血、休克以及某些发热性疾病或败血症等。

(2)饮食欲废绝的患畜或各种原因引起的营养衰竭,因生理消耗的水分仍在继续,如果不及时补液,极易造成脱水。

(3)各种原因引起的酸碱平衡紊乱,需要用输液的方法进行纠正。

(4)中毒性疾病,输液可以防止水、电解质代谢紊乱,促进毒素排泄,增强机体的抵抗力。

(5)某些抗菌药、血管扩张药、升压药和肾上腺皮质激素等,使用时需要加在某些溶液中静脉给药。

(6)某些较大的外科手术的术前、术后和烧伤时,需输入某些溶液,以防止水、电解质代谢紊乱,促进动物麻醉后的苏醒,补充能量。

[动物临床常用输液药物]

所需输液溶液类型,应根据疾病性质和体液流失的量和成分确定。常用的有:生理盐水、复方氯化钠注射液(林格氏液)、5%葡萄糖生理盐水、5%～50%葡萄糖溶液、氯化钾溶液、低分子右旋糖酐、5%碳酸氢钠溶液等。

[补液原则]

应根据病畜的具体情况,缺什么,补什么(缺水补水,缺盐补盐);缺多少,补多少。为此,必须根据病畜的临床检查和必要的实验室检验,综合所有症状,做出明确的判断,制订合理的方案。

1. 高渗性脱水(以失水为主的脱水)

动物患咽炎、咽麻痹、食道阻塞、破伤风等疾病可引起机体饮水不足或咽下困难,由于进入动物机体内水量减少而畜体仍通过呼气、汗液、尿、粪便不断排出水分,所以造成失水多、失钠少的以失水为主的脱水,其临床表现为:口腔极为干燥,饮欲增加,尿少而浓缩,尿的相对密度增高;血液不浓稠或变化不大;病畜体温升高,运动失调,甚至出现昏迷。

对高渗性脱水,应以补水为主,输5%葡萄糖液或盐和水的比例为1:2(即1份生理盐水,2份5%葡萄糖液)为宜。

2. 低渗性脱水(以失盐为主)

动物严重腹泻、反复呕吐、大面积烧伤或在中暑、急性过劳时全身大出汗,导致体液大量丧失后,如果补液不当或仅饮大量的水而不补盐,则会造成失盐过多、失水少的以失盐为主的低渗性脱水。患畜临床表现为:口腔湿度变化不大,无渴感,尿量多,血液浓缩。病畜衰弱无力,皮肤弹性下降,眼球下陷,循环衰竭。对低渗性脱水,应以补盐为主,盐和水的比例为2:1(即2份生理盐水,1份5%葡萄糖液)。

3. 等渗性脱水(混合性脱水)

动物急性胃肠炎、大出汗后或低渗性脱水而无水补充时均能导致等渗性脱水。其临床表现为:口腔干燥,口渴贪饮,尿量减少,血液浓稠,严重时因微循环障碍,有效循环血量减少而导致休克。这种类型脱水补液以输入复方氯化钠溶液或5%葡萄糖生理盐水为宜,也可输注生理盐水与5%葡萄糖溶液各等份的液体。

患病动物经不同途径丧失体液的量不同,丧失体液的质也不一样,因此,纠正脱水,不光要着眼于脱水的数量，更应注意到丧失体液的质量，才能够使补液更合理，效果更佳。

[**确定补液量**]

(1)按红细胞压积容量来判定脱水程度及确定补液量的简易方法(表 7-3)。

表 7-3 红细胞压积容量与脱水、补液量的关系

红细胞压积/%	脱水程度	脱水占体重的比重/%	每 500 kg 体重补液量/L
45	轻度	5	25
50	中度	7	35
55	重度	9	45
60	极度	12	60

(2)测定红细胞压积容量来计算补液量。

需补液量=(测定红细胞压积－正常红细胞压积)×[0.05×体重(kg)/32]

(3)在临床实践中，若无条件测定红细胞压积容量，常可以根据病畜的临床症状来判定脱水程度，确定补液量。

轻度脱水：病畜表现精神沉郁，有渴感，尿量减少，口腔干燥，皮肤弹力减退。其失水量约占体重的 4%，若体重为 200 kg，则失水量为 8 L。

中度脱水：病畜尿少或不排尿，血液黏稠度增高，血浆减少，循环障碍，全身瘀血，其失水量约占体重的 6%。

重度脱水：病畜眼球凹陷，静脉塌陷，角膜干燥无光，无热，兴奋或抑制，甚至昏睡，其失水量约为体重的 8%。缺水程度判定及缺水量的计算见表 7-4。

表 7-4 缺水程度判定及缺水量的计算

脱水程度	轻度	中度	高度	重度	极度
体重减少/%	4～6	6～8	8～10	10～12	12～15
眼球凹陷程度	±	＋＋	＋＋＋	＋＋＋＋	＋＋＋＋＋
捏皮实验/s	－	2～4	6～10	20～45	45 以上
黏膜干燥	－	＋	＋＋	＋＋＋	＋＋＋＋
休克痉挛	－	－	－	＋	＋＋
死亡	－	－	－	－	＋
缺水量/[mL/(kg·d)]	60	80	100	120	140
必需投给量/[mL/(kg·d)]	20	25	30	40	50

(引自李玉冰. 兽医临床诊疗技术. 2011)

注：必需投给量为缺水量的 1/3，捏皮实验的部位为脊背部皮肤。

在临床上，可根据病畜的精神状态，脉搏变化和排尿情况，综合判定。在补液中或补液后，病畜精神好转，心律减慢，脉性逐渐充实有力，出现排尿是补足的表现。

[**补液的方法**]

1. 口服补液法

对脱水轻、尚有饮欲或消化道功能正常的动物，可经日饮给足量的水和盐水，或口服补液盐(ORS液,氯化钠 3.5 g,碳酸氢钠 2.5 g,氯化钾 1.5 g,葡萄糖 20 g,加水 1 000 mL 组成),任动物自由饮用。对饮食欲一般或较差的病畜,常常采用注射法补液。口服补液简单宜行,不良反应少,可避免补液过量;危险性小,可不必严格注意其等渗、容积大小和溶液的无菌性。

2. 静脉注射补液法

为最常用的方法,其作用迅速,效果确实,但要注意一次输入量不宜过多,大动物每次输入1 000～3 000 mL,中等动物每次输入 500～1 500 mL,小动物每次输入 50～300 mL。必要时可多次反复补给。

3. 腹腔注射补液法

腹膜的面积大,吸收能力强,且腹腔能容纳大量药液。当动物心力衰竭、静脉输液等有困难时,无刺激性等渗溶液,可进行腹腔注射。但大量腹腔补液时,药液应加热到与体温接近。腹腔内注射要注意无菌操作,否则会导致腹膜炎;还要注意不能刺伤腹腔内器官。

4. 皮下注射补液法

个别病例必要时可通过皮下分点注射的方法进行补液。但皮下注射补液仅用于等渗、无刺激性药物。

5. 直肠补液法

水、钾离子、钠离子、氯离子可通过直肠很好地吸收。如果直肠内存在宿粪应先清除后再行给药。操作完成后,可将塞肠器保留 15～20 min 后取出,以防液体流出。操作时应缓慢灌入,每次灌入量不宜太多,必要时可少量多次反复灌入,防止药液灌入过快和过多引起肠破裂。

[**补液时的注意事项**]

(1)无论采用何种方法对病畜进行补液,都必须严格遵守无菌操作规程,对所用注射用具及注射部位,均应严格消毒。

(2)补液时避免盲目性,应先了解病史,认真做好临床检查和必要的实验室检查,根据病畜的具体情况,遵循缺什么补什么,缺多少补多少,先盐后糖,先快后慢,见尿补钾的原则,制订合理的补液方案。

(3)补液前应仔细检查药品的质量,注意有无杂质、沉淀及变质等,在药液中加入其他药物时要注意避免配伍禁忌。

(4)静脉补液速度视脱水程度和心、肾功能状态而定,在严重脱水,尤其抢救休克病畜时,开始速度宜较快,之后视病情需要适当减速或改为静脉点滴,这样既不增加心、肾负担,又保证了补液的效果。同时要注意药物温度,不可过高或过低。在寒冷季节输液时,须将药液加温至 37℃为宜。

(5)静脉补液技术应熟练,避免中途因病畜的骚动,使针头脱至血管外,药液漏入皮下。

(6)补液时病畜要专人看管,认真监护心、肺功能,如遇输液反应,病畜表现不安、骚动、心率过快、呼吸加快、大出汗、肌肉震颤、心跳加快或心律不齐时,应立即停止补液,仔细查找原因,并进行必要的处理。

【考核评价】

亚硝酸盐中毒治疗剂量的计算

一、考核题目

某农户饲养的一头重 350 kg 的牛，经诊断为亚硝酸盐中毒，决定用美蓝治疗，其用量是 10 mg/kg 体重。现有美蓝 5 g，95％酒精 250 mL，生理盐水 500 mL。写出 1％美蓝配制方法，确定用多少毫升 1％美蓝合适，并给出你用药的理由。

二、考核标准

取美蓝 1 g，加 95％酒精 10 mL 溶解，然后再加生理盐水至 100 mL，即成浓度为 1％。

该牛所用美蓝的剂量是 3.5 g，假定用 1％美蓝 X mL，则 100∶1＝ X∶3.5，所以所用美蓝的剂量为 350 mL。

【知识链接】

1. GB/T 17480—2008，饲料中黄曲霉毒素 B1 的测定　酶联免疫吸附法. 中华人民共和国国家质量监督检验检疫总局，2009-02-01.

2. 高生智，吉文元. 一起牛有机磷中毒的实验室诊断[J]. 甘肃畜牧兽医，2010(4)：28-30.

3. 赵宝玉，樊月圆，樊泽峰，等. 我国西部草原疯草危害及其动物中毒病的控制[J]. 草食家畜，2006(1)：12-15.

4. 冯建蕾. 黄曲霉毒素的危害和防治[J]. 中国畜牧兽医，2006，32(12)：5-7.

Project 8

内科病病例诊治

病例 1 某奶牛场，近一段时间牛群中出现少数患病奶牛，精神沉郁，食欲降低，个别的狂躁不安，产奶量下降，但牛奶的外观无明显的变化，加热后有烂苹果味，影响了牛奶的销售。

病名：奶牛酮病

处方：

(1)25%葡萄糖注射液 1 000 mL，地塞米松 40 mg，辅酶 A 500 IU，5%碳酸氢钠注射液 500 mL，静脉注射，连用 3 d。

(2)水合氯醛，首次剂量为 30 g，以后给予 7 g，内服，2 次/d，连用 3～5 d。

说明：对神经性酮病可用水合氯醛，水合氯醛的作用是对大脑产生抑制作用，降低兴奋性，同时破坏瘤胃中的淀粉及刺激葡萄糖的产生和吸收，并通过瘤胃的发酵作用而增加丙酸的产生。

病例 2 某养殖户饲养的 5 头处于哺乳期的 2～3 月龄的犊牛相继出现体温升高，食欲下降，视物不清的症状。随病情发展，2 头犊牛出现失明。所产犊牛的母牛去年发病时主要表现为下腹部水肿。该牛群日粮组成为：精料 0.5～1 kg(其中玉米占 53%、豆粕占 18%、麸皮占 29%)，稻草 3.5～5 kg，白酒糟 15 kg(鲜重)，且从未使用过任何添加剂。

这 5 头犊牛出生之后视力逐渐减弱，最终失明。病犊体温升高，食欲下降，被毛粗乱无光泽，生长缓慢，身体消瘦，发育不良，心律不齐，感觉过敏，前胃弛缓，瘤胃臌胀，排水样稀粪。眼睑水肿，眼球外突，瞳孔散大且用强光刺激后无回缩，行动迟缓，无目的行走，经常撞墙且不避障碍物，后发现其在弱光下看不见障碍物，小心谨慎，角膜干燥，羞明流泪以至失明。

病名：维生素 A 缺乏症

处方：

(1)10%葡萄糖酸钙注射液 20 mL，10%葡萄糖注射液 200 mL，25%甘露醇注射液 80 mL，10%维生素 C 注射液 20 mL，混合 1 次静脉注射，1 次/d，连用 3 d。

(2)环丙沙星，2.5 mg/kg 体重，肌肉注射，连用 4 d。控制继发感染。

(3)复合维生素 B 注射液 30 mL，肌肉注射，1 次/d，连用 7 d；浓缩维生素 A 油剂 10 万 IU，肌肉注射，1 次/d。营养和调节神经的功能。

说明：

(1)补充维生素 A，促进消化，降低颅内压，防止继发感染。用药物治疗的同时，对于日粮，用啤酒糟代替白酒糟，同时添加胡萝卜、优质青干草。经过一个半月的治疗，疾病得到了有效控制，5 头患病犊牛中有 3 头眼睛恢复了感光性，另外，2 头由于病情过重而完全失明。

(2)维生素 A 剂量过大或应用时间过长会引起中毒，应用时应予注意。犊牛表现生长缓慢，跛行，步态不稳，瘫痪，外生骨疣，脑脊液压力下降。治疗维生素 A 过多症的主要办法是更换饲料，减少其供应量。对于症状较轻的病例可以自行恢复；对于症状较重的病例，还应给予消炎镇痛的药物，同时补充维生素 D、维生素 E、维生素 K 和复合维生素 B 等。

病例 3 一头犊牛，出生后不能站立，以后便秘、腹泻交替进行。精神沉郁，消瘦，结膜苍白，喜舔食泥土、墙壁。喜卧，运步时，步态强拘，跛行，面部肿胀，关节粗大，腿骨变形，两前肢呈“O”形，后肢呈“X”形。

病名：佝偻病

处方：

(1)维生素 D_2 胶性钙注射液 5～10 mL，肌肉注射，1 次/d，连用 3～5 d。

(2)骨粉 50～100 g,精料中添加,5～7 d 为一个疗程。

说明:补充钙、磷。

病例 4　某奶牛食欲降低,消瘦,被毛粗乱无光泽,有异食癖,常舔食泥土、墙壁、垫草等。四肢颤抖,卧多站少,不愿行走,行走时步态强拘,后肢伸展,呈拉弓姿势,可听到肢关节有“吱吱”声。

病名:骨质软化症

处方:

(1)饲料中添加碳酸钙,30～50 g/d,连用数日。

(2)20%磷酸二氢钠注射液 300～500 mL,或 3%次磷酸钙溶液 1 000 mL,静脉注射,1 次/d,连用 3～5 d。

说明:补充钙、磷。

病例 5　杨某饲养的一高产奶牛,体重约 600 kg,分娩后 18 d 发病。发病前采食量较少,泌乳量减少。发病后尿液呈红棕色并有多量泡沫,排粪量较少。随着病情的发展,泌乳量大幅下降,采食更加减少,尿液呈深棕色。体温 37.8℃,耳尖、鼻端、四肢末端冰凉,心率 100～135 次/min,听诊有心内杂音,呼吸次数增加,可视黏膜苍白,精神沉郁,站立不稳,起卧困难,瘤胃蠕动弛缓。此牛发病前曾大量单纯采食莲白菜、白菜等十字花科植物饲料,精料中未加骨粉或磷酸氢钙,分娩后曾大量连续静脉注射葡萄糖酸钙。

病名:牛产后血红蛋白尿症

处方:

(1)20%磷酸二氢钠 500 mL,5%葡萄糖生理盐水 2 000 mL,5%维生素 C 注射液 50 mL,复方氯化钠 1 000 mL,静脉注射。

(2)维生素 B_1 300 mg,肌肉注射。

(3)骨粉 200 g,内服,2 次/d,连用 5～7 d。

说明:本病根据临床症状,分娩后 18 d 左右的高产泌乳奶牛发病,曾大量采食十字花科植物饲料,发病前曾大量静脉补钙,造成钙、磷比例严重失调。根据尿液的特征变化及排尿次数少,无尿频,尿急,尿痛的症状,诊断为奶牛产后血红蛋白尿症,治疗的主要措施是补磷。

病例 6　一犊牛精神沉郁,食欲下降,消化不良,站立不稳,共济失调,肌肉震颤。心率达 140 次/min,呼吸 80～90 次/min,肺部听诊有湿啰音。部分病例发生结膜炎。排尿增多,尿呈酸性。最后食欲废绝,卧地不起,角弓反张。

病名:硒缺乏症

处方:0.1%亚硒酸钠溶液 5～10 mL,肌肉注射,隔 10～20 d 重复一次。

说明:

(1)本例中,犊牛发病,食欲下降,消化不良,共济失调,肌肉震颤,心跳加快,呼吸困难,肺湿啰音,有的病例发生结膜炎等,初步诊断为硒缺乏症。

(2)硒缺乏与否,一般兽医院(站)无法测定,因此只能采用治疗来验证。初步怀疑是硒缺乏,经治疗证明是硒缺乏症,这是临床上常用的一种验证治疗方法。即在无法确诊是什么病,同时又不能马上否定是哪一种病时,可根据临床检查的初步结果,拟订和实施初步的防治计划,通过防治实践的实际效果,去验证和充实、完善初步诊断。一般来说,按初步的防治计划及护理方案实施的结果,病畜病势好转,症状减轻并逐渐恢复正常,收到预期的效果,可借以验证诊断是正确的。反之，如果出现问题，例如治疗效果不好或不理想，应反过来再考虑诊断和治疗方案的正确性，药物是否有副作用等，并再重新提出解决的方案。

病例 7 主诉：近几天该牛采食减少，咀嚼缓慢，有时采食过程突然停止。经常吐草，流涎，饮水增加。临床检查：体温、脉搏、呼吸基本正常，流涎。口腔检查，口温增高，唇内侧面、两颊部以及舌缘有大米粒大小的透明水疱，有的已经破溃形成红色的烂斑。

病名：口炎

处方：

(1)0.1%高锰酸钾溶液适量，冲洗口腔，3～4 次/d。

(2)青霉素，1 万～2 万 IU/kg 体重，链霉素 10～15 mg/kg 体重，注射用水适量，溶解，一次肌肉注射，2 次/d。

(3)青黛散：青黛 15 g，薄荷 5 g，黄连 10 g，黄柏 10 g，桔梗 10 g，儿茶 10 g，混合，研为细末，吹撒患部或口噙法，即装入纱布袋内，在水中浸湿，衔于病畜口中，饲喂时暂时取出，1 次/d。

说明：口炎的治疗原则是消除病因，加强护理，净化口腔，消炎。中兽医称口炎为口舌生疮，治以清火消炎，消肿止痛为主，宜用青黛散，具有清火消炎、消肿止痛的功效。

病例 8 一黄牛，突然停止采食，骚动不安，摇头伸颈，空嚼吞咽，大量流涎，咳嗽，反刍、嗳气停止，瘤胃膨胀，呼吸困难。触压颈部食道有波动感。食道探诊时，胃管插至胸部食道时受到阻碍不能继续插入。

病名：胸部食道阻塞

处方：液体石蜡 100 mL，2%普鲁卡因溶液 10 mL，用胃管投入阻塞部位，再用胃管推送阻塞物。

说明：胃管推送主要用于胸部食管阻塞和腹部食管阻塞。此法如不奏效，尽早手术治疗。

病例 9 一头奶牛发病已 3 d，食欲降低，反刍、嗳气减少，气味酸臭。听诊瘤胃蠕动音减弱，蠕动次数为 2 次/3 min，触诊瘤胃，内容物稀软，听诊瓣胃蠕动音减弱。体温、脉搏、呼吸均无明显变化。

病名：前胃弛缓

处方：

(1)氨甲酰胆碱 2 mg，皮下注射。

(2)液体石蜡 1 000 mL，灌服。

(3)5%葡萄糖生理盐水 1 000 mL，复方氯化钠注射液 1 500 mL，维生素 C 2 g，20%安钠咖注射液 10 mL，5%碳酸氢钠注射液 500 mL，静脉注射。

说明：恢复前胃运动功能，排除瘤胃内容物，防止脱水和自体中毒。

病例 10 病牛精神沉郁，呼吸急促，结膜发绀，皮肤弹性降低；食欲废绝，反刍停止，腹围明显增大，瘤胃蠕动音减弱至消失，排粪停止。

病名：瘤胃积食

处方：

(1)硫酸镁 600 g，鱼石脂 25 g，酒精 100 mL，常水 6 000 mL，一次内服。

(2)10%氯化钠注射液 500 mL，5%氯化钙注射液 150 mL，20%安钠咖注射液 15 mL，一次静脉注射。

(3)5%葡萄糖生理盐水 2 500 mL,5%碳酸氢钠注射液 500 mL,一次静脉注射。

说明:排除瘤胃内容物,恢复瘤胃运动机能,防止脱水和自体中毒。

病例 11 一黄牛,精神沉郁,食欲废绝,反刍停止,呻吟,腹围膨大,排粪减少,粪干而硬,粪便中有未消化麦粒,后排粪停止。按压瘤胃内容物充满坚硬,有腹痛症状。据畜主讲,昨天该牛曾偷食小麦。

病名:瘤胃积食

处方:

(1)液体石蜡 1 500 mL,灌服。

(2)新斯的明 15 mg,皮下注射。

(3)5%葡萄糖生理盐水 2500 mL,5%碳酸氢钠注射液 1 000 mL,静脉注射。

说明:泻下时,由易膨胀饲料引起的瘤胃积食宜用油类泻剂,如液体石蜡或植物油等。

病例 12 黄牛,饲喂大量青绿苜蓿后发病,表现不安,回顾腹部,张口呼吸,反刍、嗳气停止。腹部迅速膨大,左肷部显著凸起,叩诊呈鼓音,瘤胃蠕动音消失。胃管检查,仅排出少量气体。

病名:泡沫性瘤胃膨气

处方一:鱼石脂 15 g,松节油 30 mL,95%酒精 40 mL,水适量,瘤胃穿刺放气后,注入瘤胃内。

处方二:炒莱菔子 15 g,枳实 35 g,木香 35 g,青皮 35 g,小茴香 35 g,玉片 17 g,二丑 27 g,共为末,加清油 500 mL,大蒜 60 g(捣碎),冲调,一次灌服。

说明:具行气消胀,通便止痛的功效。配合针刺顺气、山根、脾俞等穴,效果更佳。

病例 13 主诉:昨天早上收割玉米,该牛脱缰,偷食了玉米后发病,病牛精神沉郁,食欲废绝,反刍停止。临床检查:该牛体重约 400 kg,体温 37.8℃,呼吸、脉搏增数,瘤胃蠕动音消失,瘤胃胀满,冲击触诊有振水音,呼出气酸臭,步态不稳,跛行,粪便稀软、恶臭,鼻镜干燥。

病名:瘤胃酸中毒

处方:

(1)10%石灰水洗胃。

(2)5%碳酸氢钠注射液 1 000 mL,5%葡萄糖生理盐水 2 500 mL,静脉注射。

(3)液体石蜡 1 000 mL,灌服。

说明:采食精料发病后,泻下时宜用油类泻药如液体石蜡,而不宜用盐类泻药如硫酸钠、硫酸镁等。因盐类泻药使整粒精料吸水膨胀,加重动物腹胀和增加泻下难度,又能加快脱水的过程,加速动物死亡。灌服液体石蜡,既可排出瘤胃内未消化及未发酵的精料、酸性物质,防止瘤胃产生大量乳酸,又能保护胃肠黏膜免受损伤,减缓酸性物质的吸收。

病例 14 主诉:某养殖户由于初次饲养奶牛,缺乏经验,为追求高产,盲目调整全场奶牛的精料,每头每日精料提高到 7.5 kg,换料后第 3 天发现 8 头奶牛发病,再过 2 d 发展到 12 头发病。临床检查:病牛精神沉郁,食欲减退或废绝,反刍减少或停止,空嚼磨牙,流涎,口腔气味酸臭,瘤胃蠕动音微弱或消失,瘤胃稀软。粪便稀软或水样,色暗,恶臭。眼窝下陷,鼻镜干燥,肌肉震颤,步态不稳,体温多数正常,个别病例升高至 39.5~40℃,心跳次数增加,呼吸急促达 60 次 /min。有的出现明显的神经症状,病牛兴奋不安,横冲直撞,姿势异常,视觉障碍。后期,肢体麻痹,卧地不起。

病名:瘤胃酸中毒

处方:

(1)洗胃。

(2)复方氯化钠注射液 2 000～2 500 mL,20%安钠咖注射液 10～20 mL,5%维生素 C 注射液 10～20 mL,一次静脉注射,1～2 次/d,连用 3～5 d。

(3)5%碳酸氢钠注射液 500～1 000 mL,静脉注射,根据酸中毒程度,一天可反复几次注射,直至尿液 pH 达 6.6 以上。

(4)20%甘露醇或 25%山梨醇注射液 500～1 000 mL,静脉注射。

说明:

(1)洗胃疗法是治疗瘤胃酸中毒成功的关键步骤之一,特别对最急性型和急性型。因为它洗出或减少了瘤胃内产生的乳酸和其他有害物质,防止或减缓了继续中毒。并且,洗胃能立即降低瘤胃渗透压,可以发挥瘤胃强大吸收水分的能力,使脱水及时得到缓解,瘤胃内环境恢复正常,使病畜迅速康复。而且脱水解除之后供氧改善,病畜组织蓄积的乳酸,可继续氧化供能或进入肝脏异生为葡萄糖,从而使酸中毒解除,因此是一种行之有效的治本方法。与行瘤胃切开掏取内容物相比,它简单易行,经济实用,很有临床价值。

(2)当病畜兴奋不安、甩头时,可用甘露醇或山梨醇,降低颅内压,防治脑水肿,缓解神经症状。

病例 15 唐沟村某奶牛养殖户饲养的 3 头奶牛出现精神沉郁,食欲废绝,呼吸急促,腹泻等症状。经了解,昨天下午饲喂了新鲜的酒糟,且酒糟中加了较多的玉米粉后发病。3 头病牛体温分别为 38.5℃、39.1℃、38.9℃,呼吸急促,心跳加快,反刍停止,精神沉郁,步态不稳,磨牙,嘴角附着白色泡沫样唾液,口腔有酸臭味。瘤胃胀满,触诊有波动感,听诊瘤胃蠕动音微弱。粪便呈水样,有酸臭味。皮肤干燥,眼窝凹陷,排尿减少甚至停止。1 头病牛出现神经症状,狂躁不安,后期卧地不起。穿刺采取瘤胃液,测定其 pH 为 5.4～5.7。

病名:瘤胃酸中毒

处方:

(1)10%石灰水洗胃。

(2)5%碳酸氢钠注射液 1 000～2 000 mL,一次静脉注射。

(3)复方氯化钠 3 000 mL,地塞米松 20 mg,10%维生素 C 注射液 40 mL,10%安钠咖注射液 40 mL,静脉注射。

(4)促反刍液 500 mL,10%葡萄糖酸钙 500 mL,静脉注射。

说明:

(1)本例为典型的瘤胃酸中毒,在饲料中添加了较多的玉米粉后发病,瘤胃液 pH 为 5.4～5.7。静脉注射钙制剂,一方面可减少渗出,另一方面可补充血钙浓度,加强心肌收缩力;出现休克症状时,宜用地塞米松静脉或肌肉注射。

(2)瘤胃酸中毒时,由于大量的乳酸在瘤胃内蓄积,使瘤胃内的渗透压明显升高,因而就有大量的体液随血液循环进入瘤胃内,引起机体脱水,血液浓稠。与此同时,由于大量乳酸及其他有毒产物对胃肠道的刺激,使其发炎而腹泻,这就更加重了脱水程度。补液时,不宜用大剂量的葡萄糖静脉注射,否则机体因酸中毒和缺氧,葡萄糖代谢不完全或进行无氧酵解,其中间代谢产物蓄积加剧酸中毒,这也是临床治疗时很多患畜在大剂量静脉注射葡萄糖时突然死亡的主要原因之一。

病例 16 一成年高产奶牛，分娩后呈现前胃弛缓症状，精神沉郁，消瘦，粪便稀软、色暗、恶臭。左腹膨大，在左腹部听诊，能听到与瘤胃蠕动音不一致的皱胃蠕动音，在左侧后 3 个肋骨区域内指弹或叩诊，可听到清晰的钢管音。在该区域进行穿刺检查，穿刺液棕褐色，pH＜4。

病名：皱胃左方变位

治疗：

(1)滚转复位法。

(2)手术整复皱胃。

说明：若用滚转法不能复位，可手术整复皱胃。

病例 17 患牛发病已 3 d，不吃草不反刍，经乡兽医站初步诊断为前胃弛缓，采取健胃、泻下、补液等措施，治疗 3 d 不见好转，来我院就诊。临床症状：病牛精神沉郁，被毛粗乱，呻吟，瘤胃轻度臌气，体温 39.8℃，呼吸促迫，脉搏 85 次/min。左前肢肘后肌肉震颤，用拳顶触压左侧 7～8 肋间下部牛有疼痛反应，捏压鬐甲病牛出现凹腰下蹲姿势且十分敏感，步态拘谨，下坡时表现缓慢小心、呻吟。血液检查，白细胞总数为 15 000 个/mm^3。

病名：创伤性网胃炎

处方：

(1)青霉素 1 万～2 万 IU/kg 体重，链霉素 10～15 mg/kg 体重，生理盐水溶解，肌肉注射。

(2)液体石蜡 1 000 mL，鱼石脂 20 g，95%酒精 30 mL，待鱼石脂在酒精中溶解后，加入液体石蜡，一次灌服。

说明：保守治疗的同时，可投服磁铁吸附。若条件许可，考虑实施瘤胃切开术，从瘤胃将网胃内的金属异物取出。

病例 18 主诉：黑白花奶牛，2 岁，最初表现为精神沉郁，食欲减退，反刍减少。4 d 后，食欲废绝，反刍停止，排粪减少，粪便干硬，呈算盘珠状、色暗。临床检查：患牛鼻镜干燥，结膜发绀，眼球凹陷，机体衰弱无力，体温 38℃，脉搏 72 次/min，呼吸 52 次/min。触诊瘤胃，内容物稀软，听诊瘤胃蠕动音微弱；触诊瓣胃区，患畜疼痛不安、抗拒，听诊瓣胃蠕动音消失；瓣胃穿刺，进针阻力很大。

病名：瓣胃阻塞

处方：

(1)10%硫酸钠溶液 1 500～2 500 mL，液体石蜡 500～1 000 mL，普鲁卡因 2 g，呋喃西林 3 g，混合后，一次瓣胃内注入。

(2)10%氯化钠溶液 500 mL，10%氯化钙注射液 100 mL，20%安钠咖注射液 10 mL，5%葡萄糖生理盐水 2 500 mL，一次静脉注射。

说明：瓣胃注射的部位在右侧第 9 肋间与肩关节水平线的交点。术者持瓣胃穿刺针，垂直刺入皮肤后，针头朝向左侧肘突方向刺入，为确诊针头是否刺入瓣胃内，可先连接注射器注入适量的生理盐水，然后回抽，如抽出黄色浑浊液体或草屑时，则证明注射部位正确，然后注入所需药物。

病例 19 主诉：母牛，3 岁，发病已 4 d，精神沉郁，食欲废绝，反刍减少，腹泻。临床检查：病牛精神沉郁，口腔干燥，舌苔黄厚，鼻镜干燥。体温 40.8℃，脉搏 75 次/min，排糊状稀粪，气味恶臭，粪便中混有黏液和少量血液。听诊瘤胃蠕动音弱，肠音增强。

病名：胃肠炎

处方：

(1)磺胺脒 20～30 g，内服；环丙沙星，2.5 mg/kg 体重，肌肉注射。

(2)硫酸钠 300 g，鱼石脂 15 g，酒精 50 mL，加水，一次灌服。

(3)复方氯化钠注射液 2 000 mL，维生素 C 3 g，20%安钠咖注射液 10 mL，5%碳酸氢钠注射液 500 mL，静脉注射。

说明：抗菌消炎，缓泻，补液，解毒，强心。

病例 20　主诉：黑白花犊牛，36 日龄，该犊牛出生后第 34 天开始发病。病初排出粥状水样粪便，精神沉郁，食欲减退，后期食欲废绝，呼吸加快。临床检查：病牛精神沉郁，头低耳耷，眼球凹陷，被毛粗糙，皮肤弹性下降，鼻镜干燥。体温 39.8℃，心跳 110 次/min，呼吸 58 次/min。尾根部有粪便污染，听诊肠音增强，有轻度腹痛表现。

病名：犊牛消化不良

处方：

(1)胃蛋白酶 10 g，稀盐酸 5 mL，维生素 B_1 和维生素 C 适量，常水 1 000 mL，每次 30～50 mL，灌服，2～3 次/d。

(2)口服补液盐：氯化钠 3.5 g，氯化钾 1.5 g，碳酸氢钠 2.5 g，葡萄糖 20 g，加水至 1 000 mL，每次 500～1 000 mL，灌服。

(3)庆大霉素，1 500～3 000 IU/kg 体重，肌肉注射。

说明：促进消化，防止肠道感染，恢复胃肠功能，补液。

病例 21　患牛精神沉郁，食欲减退，鼻流清涕，鼻镜干燥，反刍减少，呼吸急促，脉搏数 85 次/min，体温 40℃。

病名：感冒

处方：

(1)30%安乃近注射液 30 mL，肌肉注射。

(2)头孢噻呋钠，0.03～0.05 g/kg 体重，10%葡萄糖注射液 500 mL，一次静脉注射。

说明：解热镇痛，抗菌消炎。

病例 22　某牛场的一头 6 岁黑白花奶牛，体温升高，食欲、反刍减退，按感冒治疗两天后，病情好转，于是停止用药。两天后，发现病情再次加重。临床检查：体温 39.8℃，心跳 84 次/min，呼吸数 50 次/min。精神沉郁，食欲减退，反刍减少，鼻镜干燥，瘤胃蠕动音减弱，排粪较干。咳嗽，流鼻液，呼吸浅表快速，听诊肺区有啰音和捻发音。

病名：支气管炎

处方：

(1)卡那霉素，6～12 mg/kg 体重，肌肉注射，2 次/d。

(2)氯化铵 20 g，人工盐 50 g，加水，灌服。

(3)紫苏 30 g，麻黄 15 g，荆芥 15 g，防风 15 g，桔梗 30 g，杏仁 20 g，白前 20 g，陈皮 45 g，百部 20 g，当归 15 g，甘草 15 g，共研为末，加杏仁水 40 mL，远志酊 30 mL，温水适量，一次灌服。

说明：抗菌消炎，祛痰止咳。

病例 23 病牛精神沉郁，食欲废绝，眼结膜潮红，体温 41℃，脉搏增数，呼吸困难。胸部听诊，病灶部肺泡呼吸音减弱，健康部肺泡呼吸增强，并可听到捻发音，啰音；胸部叩诊可出现小片浊音区，多在肺脏的肩前叩诊区出现。

病名：支气管肺炎

处方：

(1)双黄连注射液，0.1 mL/kg 体重，氨苄西林钠，20 mg/kg 体重，肌肉注射，2 次/d。

(2)10%葡萄糖注射液 1 000 mL，10%氯化钙注射液 150 mL，10%维生素 C 注射液 40 mL，静脉注射，2 次/d。

(3)加味麻杏石甘汤：麻黄 15 g，杏仁 8 g，生石膏 90 g，二花 30 g，连翘 30 g，黄芩 24 g，知母 24 g，元参 24 g，生地 24 g，麦冬 24 g，花粉 24 g，桔梗 21 g，共为研末，蜂蜜 250 g 为引，一次开水冲服。

说明：抗菌消炎，祛痰止咳，制止渗出。麻杏石甘汤具有镇咳、平喘、化痰、散热的功效。

病例 24 某牛场的 6 头荷斯坦犊牛发病，精神沉郁，食欲减退或废绝，鼻镜干燥，常卧地，体温升高至 39.5～41.5℃，心跳加快(100～120 次/min)，呼吸困难(60～80 次/min)，咳嗽，流鼻液。听诊肺部，病初肺泡呼吸音增强，可听到啰音。

病名：肺炎

处方：

(1)头孢唑林钠，10～40 mg/kg 体重，地塞米松 10 mg，10%葡萄糖注射液 500 mL，静脉注射，2 次/d。

(2)双黄连粉针剂 3.0～3.5 g，5%葡萄糖注射液 500 mL，静脉注射，2 次/d。

(3)款冬花散加减：款冬花 10～20 g，川贝 10～20 g，杏仁 10～15 g，桔梗 10～15 g，沙参 10～15 g，陈皮 10～20 g，防风 10～15 g，枇杷叶 10～20 g，生姜 20～30 g，甘草 9～12 g。水煎取液，加入蜂蜜 20～30 mL，灌服。

说明：抗菌消炎，祛痰止咳。款冬花散功效疏风清热，宣肺止咳。另外，抗菌消炎时还可做气管注射，如青霉素 160 万 IU，链霉素 100 万 IU，3%盐酸普鲁卡因 5 mL，生理盐水溶解，混合，气管内注射。气管注射剂量不宜过多，总量控制在 20 mL 以内。注射速度要缓慢，过快可导致痉挛性咳嗽，将药物咳出甚至发生窒息死亡。

病例 25 谢河村王某饲养的一头 35 日龄犊牛咳嗽、气喘，已发病 3 d，曾注射青霉素和安乃近，未见好转。临床检查，患牛精神沉郁，呼吸困难，听诊肺部有湿啰音，体温 40℃，唇舌淡红，脉搏洪数。

病名：肺炎

处方：

(1)磺胺二甲嘧啶，0.1～0.2 mg/kg 体重，维生素 C 0.5 g，5%葡萄糖氯化钠注射液 500～1 000 mL，静脉注射。

(2)麻杏石甘汤加减：麻黄 6～9 g，杏仁 9～12 g，川贝 9～12 g，桔梗 9～12 g，黄芩 9～15 g，二花 9～15 g，连翘 9～15 g，生石膏粉 20～40 g，甘草 9～15 g，煎服，1 剂/d，连用 3 d。

说明：抗菌消炎，祛痰止咳。麻杏石甘汤清肺、止咳、化痰、平喘。

病例 26 某牛场的一头 8 岁黑白花奶牛，体温升高至 40.4℃，脉搏 116 次/min，呼吸

42 次/min。食欲减低，反刍无力，反刍次数减少，颌下及胸前水肿，颈下及前肢之间有排球大小的水肿区，呈生面团样，指压留痕，两侧颈静脉怒张，心脏听诊心音弱、遥远，有心包拍水音。

病名：心包炎

处方：

青霉素 200 万 IU，链霉素 2 g，胃蛋白酶 20 万 IU，用 10～20 号的 20 cm 长针头在左侧 4～6 肋间与肩关节水平线相交点做心包穿刺术，放出液体后，注入混合药液。

说明：抗菌消炎。

病例 27 某养殖户饲养的 7 头犊牛中有 4 头犊牛（在 3～6 月龄之间）出现频尿现象，其中 1 头尿液呈深浅不一的红色，屡呈排尿姿势。经检查发现有 3 头犊牛尿道口周围的被毛上有大小不一的灰白色微细颗粒串珠样附着；另一犊牛尿液浓稠，直肠检查发现其输尿管及膀胱有不同程度硬化现象。经调查发现，犊牛只单一地饲喂精饲料和玉米秸秆，缺乏青绿多汁饲料。

病名：犊牛尿石症（输尿管及膀胱结石）

处方：

（1）精饲料中加 4% 的 NaCl，并加喂胡萝卜。

（2）40% 乌洛托品注射液 50 mL，静脉注射。

（3）维生素 AD 油 30 mL，内服，1 次/d，连用 1 周。

（4）芒硝 150 g，滑石 50 g，茯苓 30 g，冬葵子 30 g，木通 50 g，海金沙 35 g。共为末，开水冲，候温一次灌服。

说明：消除结石，控制感染。在日粮中添加适量的氯化钠，一方面可增进动物的食欲，促进生长发育；另一方面可促进牛饮水，降低尿液中磷和镁盐的析出和沉淀，预防尿石的形成。

病例 28 某养牛户饲养的 1 头牛发病，主诉：病牛排尿障碍，尿液呈点滴状排出，有时呻吟及踢腹。临床检查，体温、呼吸和脉搏基本正常，患牛精神、食欲无明显变化。排尿时，尿液流走后，水泥地面留有大小不一的灰白色颗粒。直肠检查，触压膀胱敏感。

病名：尿石症（膀胱结石）

处方：

（1）饲料中加入氯化铵，45 g/d，连用 15～20 d。

（2）硫酸庆大霉素，1 500 IU/kg 体重，2 次/d，肌肉注射。

（3）金钱草 45 g，海金沙 45 g，鸡内金 25 g，滑石 60 g，木通 30 g，二丑 25 g，千金子 30 g，厚朴 25 g。共为末，开水冲，候温一次灌服。

说明：中药治疗尿结石有独到之处，中医称尿路结石为“沙石淋”，治则以清热利湿，通淋排石为主，佐以理气活血、软坚散结。方剂有八正散、排石汤（石苇汤）、化石汤、凿石丸、荡石汤、石淋通等。

药物治疗只能治标不能治本，要做到有效防治该病，需在饲养管理方面采用综合性防治措施。在日粮中添加适量的铵盐和钠盐，可降低尿液中磷和镁盐的析出和沉淀，预防尿石的形成。

病例 29 某牛场的一头奶牛，食欲减退，反刍减少，排尿减少呈暗红色。体温 40.5℃，脉搏 85 次/min，呼吸数 29 次/min。拱背垂头站立，不愿走动，驱赶行走两后肢举步不高。

触诊肾区敏感。直肠检查，肾脏肿大，触之敏感。尿液检查，尿中含有大量的红细胞、白细胞和肾上皮细胞。

病名：肾炎

处方：

(1)青霉素钠，1万～2万 IU/kg 体重，氢化可的松 200～500 mg，肌肉注射。

(2)双氢克尿噻，0.5～1 g，加水适量，内服，1次/d，连用3～5 d。

说明：消除感染，利尿消肿。

病例30 李某家的一头奶牛，体温39.2℃，脉搏67次/min，呼吸数为29次/min。精神沉郁，食欲减退，排尿次数增多，排尿时尾巴翘起，阴户区不断抽搐，疼痛不安。直肠检查，膀胱空虚，触压膀胱，患牛抗拒不安。尿液检查，尿中含有大量的红细胞、白细胞、膀胱上皮细胞。

病名：膀胱炎

处方：

(1)0.1%高锰酸钾溶液，冲洗膀胱。

(2)青霉素 200万 IU，生理盐水溶解，注入膀胱。

(3)40%乌洛托品注射液 80 mL，静脉注射。

说明：抗菌消炎，防腐消毒。

病例31 张某饲养的一头6月龄犊牛发病，精神沉郁，食欲下降，牵引也不愿走动，步态不稳。半天后开始狂躁不安，乱跑乱叫。时而前冲，时而倒退，有时转圈。空嚼磨牙，口吐白沫，受惊后到处乱窜。

病名：脑膜脑炎

处方：

(1)2.5%氯丙嗪注射液 10 mL，肌肉注射。

(2)40%的乌洛托品注射液 50 mL，10%磺胺嘧啶钠注射液 100 mL，静脉注射，2次/d。

(3)镇心散和白虎汤加减：生石膏（先入）150 g，知母 60 g，黄芩 60 g，栀子 60 g，贝母 60 g，藁本 45 g，草决明 45 g，菊花 45 g，远志 30 g，当归 30 g，茯苓 30 g，川芎 30 g，黄芪 30 g，朱砂 10 g，水煎服。

说明：抗菌消炎，镇静安神。如能配合针灸太阳、舌底、耳尖、山根、蹄头等穴位效果更好。

病例32 黄羊镇七里村一养殖户发现家中饲养的一头牛精神状态异常，狂暴不安，不时哞叫，站立不稳，共济失调。临床检查：病牛精神高度兴奋，视物不清，眼球凸出，眼球毛细血管充血呈树枝状。

病名：脑膜脑炎

处方：

(1)盐酸氯丙嗪，1 mg/kg 体重，肌肉注射。

(2)10%磺胺嘧啶钠 150 mL，20%甘露醇注射液 500 mL，静脉注射。

(3)朱砂散加减：朱砂 10 g，茯神 45 g，黄连 30 g，栀子 45 g，远志 35 g，郁金 40 g，黄芩 45 g，水煎去渣，加蛋清 100 mL，蜂蜜 120 mL，混合，一次灌服。

说明：抗菌消炎，降低颅内压，镇静安神。抗菌消炎时，应选择易通过血脑屏障的药物，如磺胺嘧啶钠等。

病例33 主诉：上午，将牛系在柱子上，忘记拉进圈舍，午后发现牛精神沉郁，站立不稳，行走摇摆。当日气温大约33℃，太阳很毒。临床检查：病牛共济失调，目光迟钝，眼球凸出，可视黏膜发绀，静脉怒张，心音、脉搏微弱，呼吸急促而节律不齐，体温41.5℃。皮肤、角膜、肛门反射减退，腱反射亢进。

病名：中暑

处方：

(1)10%苯甲酸钠咖啡因注射液20 mL，肌肉注射。

(2)5%葡萄糖生理盐水2 000 mL，地塞米松磷酸钠注射液20 mL，5%碳酸氢钠注射液500 mL，静脉注射。

说明：将病牛置于阴凉通风处，先静脉泻血1 000 mL，然后再注射上述药物，还可冷敷头部和心区，促进机体降温和散热。

中兽医称中暑为“发痧”，并与马的黑汗风相当。中兽医辩证中暑有轻重之分，轻者为伤暑，以清热解暑为治疗原则，方用“清暑香薷汤”加减：香薷25 g，藿香30 g，青蒿30 g，佩兰叶30 g，炙杏仁30 g，知母30 g，陈皮30 g，滑石（布包先煎）90 g，石膏（先煎）150 g，水煎服。重者为中暑，病初治宜清热解暑，开窍、镇静，方用“白虎汤”合“清营汤”加减：生石膏（先煎）300 g，知母30～45 g，青蒿30～45 g，生地30～45 g，玄参30～45 g，竹叶30～45 g，金银花30～45 g，黄芩30～45 g，生甘草25～30 g，西瓜皮1 kg，水煎服。

病例34 某农户用废弃的大白菜喂牛后，该牛表现不安，站立不稳，呼吸困难，脉搏疾速细弱，可视黏膜发绀，肌肉震颤，体温38.1℃，流涎，腹痛，腹泻。

病名：亚硝酸盐中毒

处方：

(1)甲苯胺蓝，5 mg/kg体重，静脉注射。

(2)10%葡萄糖注射液500 mL，10%维生素C注射液30 mL，20%安钠咖注射液10 mL，静脉注射。

说明：还可用美蓝。解毒治疗需重复进行，同时还可配合洗胃、下泻、灌肠、促进胃肠蠕动等排毒治疗措施及高渗葡萄糖溶液治疗。对重症患畜还应强心、补液和兴奋中枢神经等支持疗法。

病例35 一黄牛突然发病，表现站立不稳，肌肉震颤，瘤胃臌气，呻吟，大量流涎，呼吸困难，抬头伸颈，张口喘气，可视黏膜潮红，全身出汗，脉搏细弱，眼球突出。静脉采血，血液鲜红色。据畜主讲，此牛脱缰后偷吃了大量的玉米苗后发病。

病名：氢氰酸中毒

处方：

(1)瘤胃穿刺放气。

(2)亚硝酸钠溶液2 g，硫代硫酸钠8 g，注射用水适量，静脉注射。

(3)液体石蜡2 000 mL，灌服。

(4)20%安钠咖注射液10 mL，维生素C 2 g，10%葡萄糖注射液500 mL，一次静脉注射。

说明：先注射亚硝酸钠，数分钟后，再静脉注射硫代硫酸钠，1 h后可重复应用一次。

病例36 牛群放牧回来后，出现了异常情况，表现不安，反刍停止，流涎，肠音亢进，粪便稀软。个别牛症状严重，表现瞳孔明显缩小，腹痛明显，腹泻，骨骼肌纤维震颤，全身痉挛、抽搐。

病名：有机磷中毒

处方：

(1)硫酸阿托品注射液，1 mg/kg 体重，皮下、肌肉或静脉注射；解磷定，15～30 mg/kg 体重，静脉注射。

(2)活性炭 200 g，加常水适量，灌服。

说明：

(1)阿托品不能解除乙酰胆碱对横纹肌的作用，也不能恢复胆碱酯酶的活性，对轻度的有机磷中毒，单独应用阿托品可收到满意的效果，但对中毒严重的，必须配合应用胆碱酯酶复活剂方能有效。

(2)胆碱酯酶复活剂还可用氯磷定、双复磷。因解磷定在体内代谢与排泄较快，故必须每隔 2 h 注射一次，才能巩固疗效，待症状缓解后可减少用量或停药。

(3)注射阿托品 30 min 后，未出现瞳孔散大，口干，皮肤干燥，心率加快，肺湿啰音消失等“阿托品化”症状时，应重复用药，给药途径可改为皮下或肌肉注射，直至出现明显的“阿托品化”表现为止，以后减少用药次数和剂量，以巩固疗效。

病例 37　主诉：该牛突然发病，咳嗽，近 1 月饲喂棉籽饼过多(日喂 10 kg 以上)后发病，临床检查：精神沉郁，食欲废绝，体温 38.9℃，脉搏数 98 次/min，呼吸数 41 次/min，肌肉震颤，步态不稳，喜卧地，反刍减少，粪便稀软且混有黏液。颈下和胸前出现水肿。

病名：棉籽饼(粕)中毒

处方：

(1)0.05%高锰酸钾溶液洗胃。

(2)硫酸亚铁 15 g，口服。

(3)环丙沙星，2.5 mg/kg 体重，肌肉注射。

(4)20%安钠咖注射液 10 mL，10%葡萄糖注射液 1 000 mL，10%氯化钙注射液 150 mL，维生素 C 2 g，静脉注射。

说明：排出体内有毒物质，降低毒性，增强机体抵抗力，防治胃肠炎，制止渗出。

附　录

附录一　牛正常生理数值

附表 1　体温、脉搏、呼吸数

体温/℃	脉搏/(次/min)	呼吸数/(次/min)
37.5～39.5	40～80	10～30

附表 2　反刍、嗳气

采食后反刍出现的时间/min	反刍次数(每昼夜)	每次反刍持续的时间/min	每个食团再咀嚼的次数	嗳气次数(每小时)	2 min 瘤胃蠕动次数
20～30	6～8	40～50	40～70	20～40	3～5

附表 3　排粪排尿情况

排粪/(次/昼夜)	粪量/(kg/昼夜)	排尿/(次/昼夜)	尿量/(L/昼夜)	尿色	酸碱度
12～18	15～40	5～6	6～12	淡黄、透明	一般呈碱性

附表 4　红细胞、白细胞、血红蛋白生理指标

品种	红细胞/(万/mm^3)	白细胞/(个/mm^3)	血红蛋白/(g/100mL)
黄牛或奶牛	600(550～700)	7 500(7 000～8 000)	10.0(9.0～11.0)

附表 5　白细胞分类数值　　%

品种	嗜碱性粒细胞	嗜酸性粒细胞	嗜中性粒细胞			淋巴细胞	单核细胞
			幼稚型	杆状核型	分叶核型		
黄牛	0.5	4.0	0.5	4.0	33.0	56.0	2.0

附表 6　生殖周期数据

品种	发情周期/d	发情持续期/d	妊娠期/d	哺乳期/月	性成熟期/月龄		体成熟期/月龄	
					公	母	公	母
黄牛或奶牛	18～25(平均 21 d)	1～2	285(9.5 个月)	黄牛 6 奶牛 4	10～15	8～12	24～36	16～22
牦牛	18～25	1～2	240～270(8.5 个月)	6	12～14	14～16	30～33	18～24
水牛	20～28	1～3	315～335(11 个月)	6	20～26	15～20	24～36	25～30

附录二　奶牛血液生化成分的正常值

生化成分	单位	犊牛	成牛	检测方法
二氧化碳结合力	V%	407±83	506±9.3	酚红滴定法
血糖	mg/L	995±149	652±30.2	福林-吴氏法
钙	mg/L	76±11	85±2.6	邻甲酚酞络合法
磷	mg/L	54±8	61±5.3	磷铜蓝比位法
钾	mmol/L	74±13	73±11.2	四苯硼钠法
钠	mmol/L	1 440±282	3 290±27	醋酸铀镁法
氯	mmol/L	1 014±46	3 550±56	硝酸汞滴定法
尿素氮	mg/L	116±4	93	二乙酰一肟显色法
乳酸	mg/L	—	158	Barker 与 Summerson 法
游离脂肪酸	μmol%	—	1 845	一次提取比色法

（引自潘耀谦，吴庭才. 奶牛疾病诊治彩色图谱. 2007）

附录三　食品动物禁用的兽药及其他化合物清单

中华人民共和国农业部公告

第 193 号

为保证动物源性食品安全，维护人民身体健康，根据《兽药管理条例》的规定，我部制订了《食品动物禁用的兽药及其他化合物清单》（以下简称《禁用清单》），现公告如下：

一、《禁用清单》序号 1 至 18 所列品种的原料药及其单方、复方制剂产品停止生产，已在兽药国家标准、农业部专业标准及兽药地方标准中收载的品种，废止其质量标准，撤销其产品批准文号；已在我国注册登记的进口兽药，废止其进口兽药质量标准，注销其《进口兽药登记许可证》。

二、截至 2002 年 5 月 15 日，《禁用清单》序号 1 至 18 所列品种的原料药及其单方、复方制剂产品停止经营和使用。

三、《禁用清单》序号 19 至 21 所列品种的原料药及其单方、复方制剂产品不准以抗应激、提高饲料报酬、促进动物生长为目的在食品动物饲养过程中使用。

食品动物禁用的兽药及其他化合物清单

序号	兽药及其他化合物名称	禁止用途	禁用动物
1	β-兴奋剂类：克仑特罗 Clenbuterol、沙丁胺醇 Salbutamol、西马特罗 Cimaterol 及其盐、酯及制剂	所有用途	所有食品动物
2	性激素类：己烯雌酚 Diethylstilbestrol 及其盐、酯及制剂	所有用途	所有食品动物
3	具有雌激素样作用的物质：玉米赤霉醇 Zeranol、去甲雄三烯醇酮 Trenbolone、醋酸甲孕酮 Mengestrol acetate 及制剂	所有用途	所有食品动物
4	氯霉素 Chloramphenicol 及其盐、酯（包括：琥珀氯霉素 Chloramphenicol succinate）及制剂	所有用途	所有食品动物
5	氨苯砜 Dapsone 及制剂	所有用途	所有食品动物
6	硝基呋喃类：呋喃唑酮 Furazolidone、呋喃它酮 Furaltadone、呋喃苯烯酸钠 Nifurstyrenate sodium 及制剂	所有用途	所有食品动物
7	硝基化合物：硝基酚钠 Sodium nitrophenolate、硝呋烯腙 Nitrovin 及制剂	所有用途	所有食品动物
8	催眠、镇静类：安眠酮 Methaqualone 及制剂	所有用途	所有食品动物
9	林丹（丙体六六六）Lindane	杀虫剂	所有食品动物
10	毒杀芬（氯化烯）Camahechlor	杀虫剂、清塘剂	所有食品动物
11	呋喃丹（克百威）Carbofuran	杀虫剂	所有食品动物

续表

序号	兽药及其他化合物名称	禁止用途	禁用动物
12	杀虫脒(克死螨)Chlordimeform	杀虫剂	所有食品动物
13	双甲脒 Amitraz	杀虫剂	水生食品动物
14	酒石酸锑钾 Antimonypotassiumtartrate	杀虫剂	所有食品动物
15	锥虫胂胺 Tryparsamide	杀虫剂	所有食品动物
16	孔雀石绿 Malachitegreen	抗菌、杀虫剂	所有食品动物
17	五氯酚酸钠 Pentachlorophenolsodium	杀螺剂	所有食品动物
18	各种汞制剂包括:氯化亚汞(甘汞)Calomel、硝酸亚汞 Mercurous nitrate、醋酸汞 Mercurous acetate、吡啶基醋酸汞 Pyridyl mercurous acetate	杀虫剂	所有食品动物
19	性激素类:甲基睾丸酮 Methyltestosterone、丙酸睾酮 Testosterone propionate、苯丙酸诺龙 Nandrolone phenylpropionate、苯甲酸雌二醇 Estradiol benzoate 及其盐、酯及制剂	促生长	所有食品动物
20	催眠、镇静类:氯丙嗪 Chlorpromazine、地西泮(安定)Diazepam 及其盐、酯及制剂	促生长	所有食品动物
21	硝基咪唑类:甲硝唑 Metronidazole、地美硝唑 Dimetronidazole 及其盐、酯及制剂	促生长	所有食品动物

注:食品动物是指各种供人食用或其产品供人食用的动物。

二〇〇二年四月九日

参考文献

[1] 齐长明. 奶牛疾病学 [M]. 北京：中国农业出版社，2006.
[2] 王建华. 兽医内科学 [M]. 4版. 北京：中国农业出版社，2010.
[3] 刘长松. 奶牛疾病诊疗大全 [M]. 北京：中国农业出版社，2005.
[4] 刘宗平. 动物中毒病学 [M]. 北京：中国农业出版社，2006.
[5] 史志诚. 动物毒物学 [M]. 北京：中国农业出版社，2007.
[6] 潘耀谦，吴庭才. 奶牛疾病诊治彩色图谱 [M]. 北京：中国农业出版社，2007.
[7] 崔中林. 奶牛疾病学 [M]. 北京：中国农业出版社，2007.
[8] 王治仓. 动物普通病 [M]. 北京：中国农业出版社，2010.
[9] 刘文广，刘海. 动物内科病 [M]. 北京：中国农业出版社，2011.
[10] 董彝. 实用牛马病临床类症鉴别 [M]. 北京：中国农业出版社，2001.
[11] 范作良. 动物内科病 [M]. 北京：中国农业出版社，2006.
[12] 赵福军. 牛羊病防治 [M]. 北京：中国农业出版社，2001.
[13] 吴敏秋，沈永恕. 兽医临床诊疗技术 [M]. 4版. 北京：中国农业出版社，2014.
[14] 李玉冰，兽医临床诊疗技术 [M]. 2版. 北京：中国农业出版社，2011.
[15] 陈渊，朱家增，邓立新，等. 牛瘤胃酸中毒发病机制与防治的研究进展 [J]. 中国畜牧兽医，2011，38 (6)：132-135.
[16] 于利子，张国平，赵永钧. 牛瘤胃酸中毒治疗方法探讨 [J]. 当代畜牧，2007 (10)：26-28.
[17] 朱坤，耿广多. 牛尿石症的防治 [J]. 畜牧与饲料科学，2011，32 (8)：103-105.
[18] 贺秀媛，李小佳，贺丛，等. 1起单纯性肉犊牛维生素A缺乏的分析与诊治 [J]. 畜牧与兽医，2013，45 (2)：84-86.